CENTURIE

DE PLANTES D'AFRIQUE

DU VOYAGE À MÉROÉ,

RECUEILLIES

Par M. CAILLIAUD,

ET DÉCRITES

Par M. RAFFENEAU-DELILE,

CORRESPONDANT DE L'ACADÉMIE ROYALE DES SCIENCES,
DE L'ACADÉMIE DE MÉDECINE,
CHEVALIER DE L'ORDRE DE LA LÉGION D'HONNEUR,
PROFESSEUR DE BOTANIQUE À LA FACULTÉ DE MÉDECINE DE MONTPELLIER.

PARIS,

DE L'IMPRIMERIE ROYALE.

1826.

CENTURIE

DE PLANTES D'AFRIQUE

DU VOYAGE À MÉROÉ.

INTRODUCTION.

LE voyage de M. Cailliaud, en remontant le Nil et le fleuve Bleu, a enrichi la géographie et l'histoire naturelle de plusieurs découvertes. La part réservée à la botanique nous a fait connaître les principaux végétaux des oasis et du long trajet depuis Philæ jusqu'à Singué, situé près du 10.ᵉ degré de latitude nord. Ce voyageur a rapporté cent espèces de plantes recueillies dans les déserts et dans les localités beaucoup plus favorables. Le nombre et la nature des espèces et familles confirment les notions générales précédemment acquises sur les plantes des parties de l'Afrique explorées jusqu'à ce jour.

1 *

Un cinquième des plantes rapportées par
M. Cailliaud appartiennent à la famille des
Légumineuses, au nombre de vingt,
ci.................... 20 LÉGUMINEUSES.

   Les autres plantes
sont. .... 8 SYNANTHÉRÉES.
                        6 APOCINÉES.
                        5 ATRIPLICÉES.
                        4 GRAMINÉES.
                        4 MALVACÉES.
                        4 URTICÉES.
                        3 RUBIACÉES.
                        3 BORRAGINÉES.
                        2 PALMIERS.
                        2 AMARANTHACÉES.
                        2 ACANTHACÉES.
                        2 SOLANÉES.
                        2 SÉSAMÉES.
                        2 CAPPARIDÉES.
                        2 TILIACÉES.
                        2 RUTACÉES.
                        2 TAMARISCINÉES.
                        2 RHAMNÉES.
                        2 EUPHORBIACÉES
                       ___

       A reporter....... 79.

Report.   79

Plus, vingt-une plantes,
chacune d'une famille particulière, ou incomplètes
et indéterminées. . . . . .   21.

____

En totalité. . . . . 100 espèces.

Les plantes des oasis sont analogues à celles
des déserts auprès de Syout et de Gyzeh dans
la haute et la moyenne Égypte. Les arbres sont
le *dattier*, le *doum*, les *acacias* et les *tamarix*.
Aucune espèce nouvelle, point de genres nouveaux, n'ont été découverts dans ces pays uni-
formes. Quelques *soudes*, des plantes salées et
succulentes (*nitraria, zygophyllum*) se rencontrent sur la route du Fayoum à Syouah, principalement à Rayân, à Ayn-Ouara et à el-Garah.
Nous savions, par la relation de Lippi, qui avait
séjourné dans le désert à l'oasis de Khargeh, que
presque aucune plante, autre que celles entre-
tenues par les sources saumâtres d'Égypte,
n'avait été découverte à cette station isolée des
caravanes. Les recherches de Lippi, en Nubie,
jusqu'à la hauteur de Korty, ne lui avaient procuré que très-peu de plantes qu'il n'avait point
vues auparavant plus au nord, lorsqu'il venait

de traverser l'Égypte et ses déserts. Ce botaniste avait fait partie du cortége de l'ambassadeur du Roule, envoyé de France en Abyssinie. Il avait pénétré jusqu'à Sennâr, terme d'une mission où les voyageurs furent assassinés. M. Cailliaud a rapporté quelques détails sur cette fin tragique.

Lippi a donné une Flore d'Égypte manuscrite, qui se trouve dans la bibliothèque de M. de Jussieu, et dont une autre copie existait, ainsi que Shaw l'a citée, dans le musée de Shérard à Oxford. Il est le premier qui ait parlé des plantes de l'oasis du Khargeh et de celles des déserts et des plaines à l'ouest du Nil, en remontant dans la Nubie. Telle est la stérilité de ces contrées, que, du moment qu'il eut franchi les limites de l'Égypte, il ne signala que vingt plantes comme lui ayant paru nouvelles, et dont les descriptions ont été conservées.

Aucun voyageur botaniste n'a repris la même route dans le but d'y recueillir les plantes. Cependant l'expédition des Français dans la haute Égypte, aux portes de la Nubie, et les recherches de M. Cailliaud au-dessus des cataractes, nous ont procuré neuf de ces plantes. Il en reste onze que nous ne possédons point, dont deux se rapportent, par les descriptions, à

des genres connus, tandis qu'il règne beaucoup
d'incertitude sur les analogies et les définitions
de genres et d'espèces des autres plantes que
le temps pourra faire découvrir.

Voici le tableau des plantes découvertes en
Nubie par Lippi.

 1.° Plantes retrouvées dans les voyages plus ré-
  cens. Neuf espèces; savoir:

  1.° BOERHAAVIA REPENS. *Lin.* (var. major et
   minor.)
   DANTIA NUBICA minor et minima. *Lippi.* (Manusc. n.ᵒˢ 238 et 239.)

  2.° LANCRETIA SUFFRUTICOSA. *Delil.* (Fl. Ægypt.
   n.° 453, tab. 25.)
   ASCYROÏDES. *Lippi* (Manusc. n.° 241.)

  3.° BISTELLA GEMINIFLORA. *Delil.* (Descript. des
   plantes découv. par M. *Cailliaud,* pl. II,
   fig. 4.)
   ASCYROÏDES. *Lippi* (Manusc. n.ᵒˢ 243 et 244.)

  4.° CAPRARIA DISSECTA. *Delil.* (Flor. Ægypt.
   tab. 32, fig. 3.)
   VERBENASTRUM AFRICANUM. *Lippi* (Manusc.
   n.° 245.)

  5.° BUCHNERA HERMONTHICA. *Delil.* (Fl. Ægypt.
   tab. 34, fig. 3.)
   DAHAB. *Lippi* (Manuscr. n.° 246.)

  6.° CARDIOSPERMUM HALICACABUM. *Lin.*
   TAFTAF, espèce de liane à petite fleur blanche
   sans odeur, qui croît à Dongolah, et que
   les chameaux mangent. (Notes manusc. de
   M. *Cailliaud.*)

Taptau, herbe des bords du Nil à Dongolah, et dont l'odeur est assoupissante. *Lippi* (Manuscr. n.º 251.)

7.º Salvadora persica. *Lin.*

Plotia. *Adans.* (Fam. des plant.).

Arak des Arabes, Mesuak des Barabras de Faras en Nubie. (Notes manusc. de M. *Cailliaud.*)

Arak. *Lippi* (Manusc. n.º 257.)

8.º Balanites ægyptiaca. *Delil.* (Flór. Ægypt. tab. 28, fig. 1.)

El-Heglyg des Arabes du Fâzoql, el-Kà des païens. (Notes manusc. de M. *Cailliaud.*)

Agihalid. *Lippi* (Manusc. n.º 258.)

9.º Capparis sodada. *Rob. Brown* (Append. itin. Afr. *Denham*).

Sodada decidua. *Forsk. — Delil.* (Fl. Ægypt. tab. 26, fig. 2.)

Hombak des Arabes. *Lippi* (Manusc. n.º 259.)

2.º Plantes de Nubie découvertes par Lippi, et qui n'ont point été recueillies depuis lui dans de nouveaux voyages au même pays. Onze espèces; savoir :

1.º Rubiacée indéterminée, herbe à fleur en entonnoir à quatre divisions aiguës, sou-tenue par un calice à plusieurs pointes, et percée par le style. Le calice devient une capsule à plusieurs graines très-fines. Les feuilles sont entières, opposées deux par deux. *Lippi* (Manusc. n.º 242.)

2.º Ascyroïdes africanum parvum procumbens,

> Serpylli facie, flore luteo. *Lippi* (Manusc.
> n. 242.)

3.° RAPHANUS SATIVUS oleifer.
> SIMAGA. *Lippi* (Manusc. n.° 247.)

4.° ALSINOÏDES africana seu Alsine folio circi-
> nato, fructu dispermo. *Lippi*. (Manusc.
> n.° 248.)
> TORENA. *Adans.* (Fam. des joubarbes, p. 249.)

5.° FAGONIASTRUM nubicum, trifolium, glaucum,
> procumbens, flore ferrugineo. *Lippi* (Ma-
> nusc. n.° 249.)
> FAGONIÆ species?

6.° ONAGROÏDES africana foliis Amaranthi. Plante
> de la famille des Onagres, dont Lippi ne
> vit qu'un seul pied. (Manuscr. n.° 250.)

7.° CORCHORUS, espèce rampante. *Lippi* (Ma-
> nusc. n.° 252.)

8.° ATRAGALUS. *Lippi* (Manusc. n.° 253.)

9.° Plante aromatique, à fleur à fleurons. *Lippi*
> (Manusc. n.° 254.)

10.° TRIANTHEMA MONOGYNA. *Lin.*
> PAPULARIA CRYSTALLINA. *Forsk.*
> RABA de Nubie. *Lippi* (Manusc. n.° 255.)

11.° TRIANTHEMA PENTANDRA. *Lin.*
> ROCAMA DIGYNA. *Forsk.*
> AIZOON. *Lippi* (Manusc. n.° 256.)

Parmi les plantes dont Lippi avait parlé et qui sont à peine connues, puisque lui seul les avait vues, le genre *Bistella* a été depuis recueilli par M. Cailliaud. Les migrations de plusieurs plantes de Nubie, telles que *Buchnera hermonthica,*

Lancretia suffruticosa, Capraria dissecta, les ont fait trouver en Égypte; mais le genre *Bistella,* vérifié par les échantillons de la collection de M. Cailliaud, ne croît qu'à Dongolah.

Un nouvel exemple de fruits d'une Légumineuse propres au tannage des cuirs, est fourni par les gousses du *Cassia Sabak* employées en Nubie. Il y a un autre fruit de Légumineuse, celui d'*Acacia nilotica,* qui sert à tanner les cuirs en Égypte.

Une espèce d'Acacia des déserts, *Acacia heterocarpa,* caractérisée par ses aiguillons non axillaires et par ses fruits bosselés irréguliers, croît sur la route de Syouah. MM. Descotils et Nectoux l'avaient recueillie sur le chemin de Suez et près d'Alexandrie. Il n'existait dans les collections qu'un rameau de cet arbrisseau, en fleurs, apporté de Syrie par feu Olivier. M. Cailliaud s'est procuré les fruits et les rameaux; il a ainsi contribué à lever tous les doutes sur cette espèce bien caractérisée dans un des genres les plus difficiles par le grand nombre des espèces.

La famille des Apocinées renferme le *Carissa edulis,* découvert par Forskal en Arabie, puis trouvé par M. Salt en Abyssinie : nous apprenons par M. Cailliaud que cet arbrisseau habite aussi la province de Qamâmyl ; il y donne une baie agréable à manger et des fleurs très-odorantes.

Dans la même province, M. Cailliaud a découvert une nouvelle espèce de *Strychnos*, arbrisseau dont le fruit, de la forme d'une petite orange, quoique sans usage, est connu pour n'être point malfaisant. Il n'est pas amer, et jusqu'ici on n'a trouvé d'espèces vénéneuses de *Strychnos* que parmi celles qui sont amères.

Deux espèces de plantes, *Ethulia gracilis* et *Pistia Stratiotes*, qui croissent à Sennâr, appartiennent à des genres communs à l'Afrique et à l'Inde, et paraissent spontanées dans ces deux contrées. Le *Pistia Stratiotes* est une plante flottante sur l'eau, et qui se rencontre quelquefois dans la basse Égypte ; l'*Ethulia gracilis* de Sennâr n'existe pas en Égypte, où se trouve l'*Ethulia conyzoïdes* de l'Inde. On serait tenté de croire que cette dernière plante a été introduite par la culture du riz en Égypte ; mais la nouvelle espèce particulière à Sennâr assigne clairement une habitation africaine au genre *Ethulia*.

L'Afrique produit le plus colossal de tous les végétaux, le *Baobab*, observé par M. Cailliaud au Sennâr : il croît aux îles du Cap Vert et au Sénégal, et acquiert une grosseur de vingt-cinq pieds de diamètre. Le fruit, qui a d'utiles propriétés, a fait connaître cet arbre semé en Égypte, et dont Prosper Alpin a parlé. Les caravanes des noirs apportent ce fruit au Caire ; il est ligneux en dehors, de la forme et de la grosseur d'un petit melon un peu alongé ; il renferme beaucoup de pulpe sèche farineuse, dans laquelle sont engagées des graines réniformes de la grosseur d'un petit haricot. La pulpe, étendue dans de l'eau, est donnée comme boisson alimentaire convenable dans les dysenteries. L'analyse chimique du fruit de *Baobab*, qui a été faite par M. Vauquelin, est propre à accréditer les vertus salutaires de ce fruit. La pulpe est principalement composée d'une gomme semblable à celle du Sénégal, d'une matière sucrée, de fécule amylacée, et d'acide qui semble être l'acide malique. Le docteur Frank, l'un des médecins de l'expédition d'Égypte, avait imité avec succès les Égyptiens dans l'emploi du *Baobab* pour traiter les malades.

M. Cailliaud a rapporté le fruit d'un arbre, *Culhamia* (*Forsk.* Descr. page 96), qui n'était connu que par la Flore d'Arabie de Forskal. Ce fruit fait voir que le *Culhamia* appartient au genre *Sterculia* de Linné, auquel Vahl l'a réuni; mais ce n'est point comme on l'a cru le *Sterculia platanifolia,* dont les fruits sont à parois minces et à petites graines verdâtres pisiformes. Le *Culhamia,* ou le *Sterculia setigera,* a le péricarpe coriace, épais, garni de soies au-dedans, et les graines noires oblongues.

Deux genres ont reçu des noms nouveaux. Le premier est le *Rogeria,* publié par M. Gay, mais qui ne nous paraît pas suffisamment distinct du *Pedalium.* Déjà le capitaine Beaufort avait découvert cette plante en remontant le Sénégal, tandis que M. Cailliaud la trouvait à Dongolah près du Nil. Le second genre, *Xeropetalum,* est une Tiliacée, dont M. Cailliaud a rapporté des grappes fleuries, et que caractérisent cinq pétales étalés en roue, persistans, avec cinq longs filets sans anthères dans la fleur, qui est polyandre.

Un arbre, formant des bois dans le pays de Bertât, produit une écorce qui se soulève en feuillets imitant du parchemin et qui remplace le papier. C'est sur cette écorce que les musulmans du pays écrivent les légendes qu'ils ont coutume de lier, enveloppées d'un petit sachet de cuir, à leur bras. L'arbre est très-élevé, branchu, sans épines, et porte des fleurs roses paniculées : nous y avons reconnu les caractères du genre *Amyris*. L'Arabie produit plusieurs Amyris dans ses provinces montueuses : l'analogie de latitude et de climat rend certaines parties de l'Afrique favorables à l'habitation de plantes de la même espèce ou du même genre qu'en Arabie.

Les descriptions subséquentes feront connaître les particularités des végétaux dont nous avons à parler.

LISTE des Espèces de Plantes d'Afrique de M. CAILLIAUD.

NOTA. L'ordre suivi dans cette énumération est d'abord celui des familles où les espèces sont les plus nombreuses; et ensuite, lorsque des familles ont un nombre égal d'espèces, l'ordre redevient celui du *Genera plantarum*, ou de la Méthode naturelle de M. de Jussieu.

Les plantes marquées d'un astérisque sont nouvelles.

LÉGUMINEUSES. . . (20 espèces.)	1.	Acacia heterocarpa. *Delil.* (Flor. Ægypt.)
	2. ———	Seyal. *Delil.* (Ibid.)
	3. ———	gummifera. *Delil.* (Ibid.)
	4. ———	nilotica. *Lin.* (sub Mimosâ.)

5. Mimosa Habbas. *Delil.* (Flor. Ægypt.)
6. Cassia Absus. *Lin.*
7. ———— acutifolia. *Delil.* (Flor. Ægypt.)
8. ———— Senna. *Lin.*
9.*———— singueana.
10.*———— Sabak.
11.*———— Arereh.
12. Tamarindus indica. *Lin.*
13.*Bauhinia tamarindacea.
14.*Crotalaria macilenta.
15. Clitoria ternatea, var. γ seu minor.
16.*Glycine moringæflora.
17. Galega apollinea. *Delil.* (Flor. Ægypt.)
18.*Indigofera parvula.
19. ———— paucifolia. *Delil.* (Fl. Ægypt.)
20. Alhagi Maurorum. *Decandolle.*

SYNANTHÉRÉES...
(8 espèces.)

21.*Vernonia amygdalina.
22. Conyza Dioscoridis. *Desfont.*
23.*———— dongolensis.
24. Inula undulata. *Lin.*
25. ———— crithmoïdes. *Lin.*
26.*Ethulia gracilis.
27. Eclipta erecta. *Lin.*
28.*Acmella caulirhiza.

APOCINÉES......
(6 espèces.)

29.*Cynanchum heterophyllum.
30. ———— Argel. *Delil.* (Flor. Ægypt.)
31.*Asclepias laniflora.

	32. Carissa edulis. *Vahl.*
	33. *Strychnos innocua.
	34. Apocineæ species. (Arbre.)
Atriplicées. ...	35. Salvadora persica. *Lin.*
(5 espèces.)	36. Salsola inermis. *Forsk.*
	37. Cornulaca monacantha. *Delil.* (Fl. Ægypt.)
	38. Traganum nudatum. *Delil.* (Ibid.)
	39. Atriplex Halimus. *Lin.*
Graminées. ...	40. Zea Mays. *Lin.*
(4 espèces.)	41. Sorghum vulgare. *Persoon.*
	42. Oryza sativa. *Lin.*
	43. Bambusa arundinacea. *Willd.*
Malvacées.	44. *Hibiscus dongolensis.
(4 espèces.)	45. Sida mutica. *Delil.* (Fl. Ægypt.)
	46. Adansonia digitata. *Lin.*
	47. *Sterculia setigera.
Urticées.	48. Ficus Sycomorus. *Lin.*
(4 espèces.)	49. *—— platyphylla.
	50. *—— glumosa.
	51. *—— intermedia.
Rubiacées.	52. *Mussænda luteola.
(3 espèces.)	53. *Psychotria nubica.
	54. *Nauclea microcephala.
Borraginées. ...	55. *Heliotropium pallens.
(3 espèces.)	56. Echium Rauwolfii. *Delil.* (Flor. Ægypt.)
	57. *Cordia.
Palmiers.	58. Phœnix dactylifera. *Lin.*
(2 espèces.)	59. Cucifera thebaica. *Delil.* (Flor. Ægypt.)
Amaranthacées .	60. Celosia trigyna. *Lin.*
(2 espèces.)	61. Ærua tomentosa. *Forsk.*

Acanthacées...	62.*Acanthus polystachius.
(2 espèces.)	63.*Ruellia nubica.
Solanées.......	64. Hyoscyamus Datora. *Forsk.*
(2 espèces.)	65.*Physalis somnifera. *Lin.*
Sésamées.......	66. Sesamum orientale. *Lin.*
(2 espèces.)	67. Rogeria adenophylla. *Gay.*
Capparidées....	68. Cleome pentaphylla. *Lin.*
(2 espèces.)	69. ———— droserifolia. *Delil.* (Flor. Ægypt.)
Tiliacées......	70.*Grewia echinulata.
(2 espèces.)	71.*Xeropetalum quinquesetum.
Rutacées......	72. Tribulus terrestris. *Lin.*
(2 espèces.)	73. Zygophyllum coccineum. *Lin.*
Tamariscinées..	74. Tamarix africana. *Desf.* (Flor. Atl.)
(2 espèces.)	75. ———— orientalis. *Forsk.*
Rhamnées......	76. Ziziphus Spina Christi. *Lin.* (sub Rhamno.)
(2 espèces.)	77.*———— parvifolia.
Euphorbiacées..	78.*Ricinus megalospermus.
(2 espèces.)	79. Croton plicatum. *Vahl.*
Dioscorées.....	80. Dioscorea?
(1 espèce.)	
Amomées.......	81. Amomum Zinziber. *Lin.*
(1 espèce.)	
Hydrocharidées.	82. Pistia Stratiotes. *Lin.*
(1 espèce.)	
Éléagnées.....	83.*Terminalia psidiifolia.
(1 espèce.)	
Nyctaginées....	84. Boerhaavia repens. *Lin.*
(1 espèce.)	
Labiées........	85. Phlomis nepetifolia. *Lin.*
(1 espèce.)	

Sapindacées.... (1 espèce.)	86. Cardiospermum Halicacabum. *Lin.*
Aurantiacées?.. (1 espèce.)	87. Balanites ægyptiaca. *Delil.* (Flor. Ægypt.)
Sarmentacées... (1 espèce.)	88. Cissus ?
Anonacées..... (1 espèce.)	89. Anona ?
Renonculacées.. (1 espèce.)	90. Nigella sativa. *Lin.*
Saxifragées.... (1 espèce.)	91. *Bistella geminiflora.
Ficoïdes....... (1 espèce.)	92. Nitraria tridentata. *Desfont.* (Flor. Atl.)
Térébinthacées. (1 espèce.)	93. *Amyris papyrifera.
Célastrinées.... (1 espèce.)	94. *Celastrus decolor.
Cucurbitacées.. (1 espèce.)	95. Momordica Balsamina. *Lin.*
....	96. Eugenia ??
....	97. Plumeria ??
....	98. Chrysobalanus ??
....	99. Arbre appelé *Gokan* à Sennâr.
....	100. Arbre toujours vert, croissant au mont Tâby.

DESCRIPTIONS

DES ESPÈCES.

FAMILLE DES LÉGUMINEUSES.

1. ACACIA HETEROCARPA.

A. ramulis pubescentibus, inordinatè aculeatis, ad axillas foliorum inermibus; foliis duplicato-pinnatis, quinquejugis; foliolis quindecimjugis dimidiatis, acutis, suprà glabris; spicis floriferis solitariis, axillaribus; leguminibus spongiosis digitum minimum crassis, subcylindricis, polymorphis, nunc oblongis torulosis curvatis, nunc subglobosis gibbosis.

ACACIA HETEROCARPA. *Delil.* (Flor. Ægypt. illustr. n.° 967.)

GYLGYL (*arabe*), fruit procuré par un droguiste en Égypte. (Notes manusc. de M. *Cailliaud.*)

ACACIA, arbuste, sur la route de l'oasis de Syouah. (Notes manusc. de M. *Cailliaud.*)

Arbre ou arbuste dont les rameaux sont très-divisés, pubescens vers leur sommet, garnis de quelques aiguillons courts peu nombreux situés à l'écart des feuilles dans les intervalles d'un nœud à l'autre.

Feuilles sans aiguillons, longues d'un pouce, doublement ailées, à cinq paires de pinnules; pétioles sans aucune glande; douze à quinze paires

2*

de folioles sur les pétioles secondaires. Folioles pubescentes, excepté à leur face supérieure, aiguës, ovoïdes-dimidiées, longues d'un peu plus d'une ligne, larges d'environ demi-ligne. Fleurs en épis cylindriques, un peu coniques, épais de quatre à cinq lignes, solitaires dans les aisselles des feuilles qu'ils dépassent peu en longueur.

Gousses fort irrégulières, d'un tissu spongieux sous une écorce brune et fine : elles sont de la grosseur du petit doigt, inégales, bosselées, un peu cylindriques, oblongues, arquées ou droites et très-courtes, quelquefois globuleuses et pyriformes. Les graines sont ovoïdes, un peu aiguës et peu comprimées, longues de quatre lignes, brunâtres, lisses, brillantes, marquées d'une lunule sur chaque face.

2. ACACIA SEYAL.

A. spinis stipularibus, geminis; foliis bipinnatis, partialibus bijugis, propriis 8-12-jugis; fructibus compressis linearibus falcatis acutis.

ACACIA SEYAL. *Delil.* (Flor. Ægypt. pag. 142, tab. 52, fig. 2.)

SEYAL, arbre du désert. (Notes manusc. de M. *Cailliaud.*)

La plupart des voyageurs qui ont parcouru les déserts de l'Égypte, ont remarqué cet arbre épineux, espèce d'Acacia très-connu des Arabes, qui l'appellent *Seyal.* Son feuillage très-fin ressemble à celui des autres Acacias épineux d'Égypte, et il est nécessaire de voir le fruit pour caractériser l'espèce : il est linéaire courbé en faulx.

Théophraste et Pline ayant fait mention, sous le nom d'*Épine altérée des déserts*, d'un arbre qui résistait à la sécheresse des déserts de Coptos, nous croyons qu'ils ont voulu parler du *Seyal*, qui croît dans ces contrées arides.

3. ACACIA GUMMIFERA.

> A. spinis axillaribus geminis recurvis aculeiformibus; foliis duplicato-pinnatis quinquejugis; petiolis sub jugo inferiori uniglandulosis; foliolis 7-10-jugis linearibus.

ACACIA GUMMIFERA. *Delil.* (Flor. Ægypt. illustr. n.º 965.)

MIMOSA GUMMIFERA. *Forsk.* (Flor. arab. pag. 124, n.º 615.)

TALLEH (*arabe*), arbre du désert. (Notes manuscr. de M. *Cailliaud.*)

Le tronc de cet arbre, lorsqu'il est jeune et vigoureux, et ses grosses branches, ont l'écorce blanchâtre, assez unie. Les derniers rameaux sont droits, plus épais qu'une plume de pigeon, garnis de feuilles longues d'un pouce, doublement ailées, à cinq paires de pinnules. Le pétiole commun porte une glande insérée un peu plus bas que la paire de pinnules inférieures; les folioles sont linéaires, obtuses, longues de près de deux lignes; les fleurs viennent en petites têtes sphériques pédonculées, groupées dans les aisselles des feuilles; les pédoncules ont six à huit lignes de longueur, et sont articulés dans le milieu, où ils portent une petite collerette à quatre dents : les têtes de fleurs ont trois à quatre lignes d'épaisseur.

4. ACACIA NILOTICA.

A. spinis stipularibus geminis; foliis duplicato-pinnatis, pinnis 7-8-jugis; foliolis 10-24-jugis, linearibus; glandulâ unâ interdùm ad basim petioli, et multò frequentiùs inter par infimum pariaque superiora pinnarum; leguminibus moniliformibus glabris.

ACACIA NILOTICA. *Delil.* (Fl. Ægypt. illustr. n.º 963.)

ACACIA VERA. *Vesling* (Ægypt. pag. 9, Icon.)

MIMOSA NILOTICA. *Hasselq.* (Iter. pag. 475.) —*Forsk.* (Ægypt. pag. 77.)

SANT (*arabe*). Gommier d'Égypte dont les fruits servent à tanner le cuir. (Notes manuscr. de M. *Cailliaud.*)

L'*Acacia nilotica* n'est pas seulement un arbrisseau de quinze à dix-huit pieds, comme on le dit dans l'*Encyclopédie*, tom. I.er, pag. 19; c'est un arbre qui devient fort grand, ainsi que l'a décrit Hasselquist. Son tronc est quelquefois de la grosseur du corps d'un homme; les rameaux sur de vieux pieds sont ordinairement sans épines; il n'y a que de jeunes rameaux ou des rejetons qui soient épineux. Les feuilles sont deux fois ailées, à six ou huit paires de pinnules, à folioles linéaires longues d'environ deux lignes, et les pétioles portent des glandes rarement à la base au-dessous des pinnules,

mais constamment entre les deux pinnules inférieures, et entre les paires de pinnules terminales.
Les fleurs ne sont point odorantes ; elles forment
des ombelles de cinq ou six capitules, pédonculées
dans l'aisselle des feuilles. Les gousses longues et
étroites, ayant quatre à six pouces sur cinq lignes,
sont composées de pièces lenticulaires unies par
des portions étranglées.

Quoique Willdenow (*Spec. plant.* tom. IV,
pag. 1085) et M. Decandolle (*Prodrom.* tom. II,
pag. 461) rapportent l'*Acacia vera*, qui est notre
Acacia nilotica, à l'*Acacia arabica*, nous ne
sommes pas de leur avis, par les raisons suivantes :
1.º l'*Acacia nilotica* d'Égypte a le fruit glabre,
tandis que l'*Acacia arabica*, que nous avons vu
dans les herbiers et qui n'est point une plante
d'Égypte, a le fruit tomenteux et plus gros ;
2.º l'*Acacia* que Willdenow donne pour l'*Acacia
vera* est une espèce établie sur des caractères
incertains, puisque l'auteur attribue à cet *Acacia*
des feuilles à deux paires de pinnules seulement, et
le confond cependant avec l'*Acacia* à six paires de
pinnules figuré dans Vesling ; 3.º Willdenow et
M. Decandolle ont décrit leur *Acacia vera* d'après
des rameaux sans fruits, et d'après une figure de
Lobel, qui représente une jeune plante qui vient
de germer, et dont les pinnules sont en nombre
inférieur à ce que comporte l'état adulte. Nous

sommes entrés dans ces détails au sujet de l'*Acacia nilotica*, parce qu'il a été renommé par ses produits. Son suc se trouvait autrefois dans les pharmacies et était un extrait des fruits; et cet arbre donnait la gomme arabique à laquelle on a préféré depuis la gomme blanche du Sénégal.

5. MIMOSA HABBAS.

M. aculeata hirsuta; foliis bipinnatis novemjugis; foliolis multijugis, linearibus, ciliatis, acutis; aculeis ramorum sparsis brevibus, petiolorum aliis lateralibus oppositis brevibus, aliis superioribus subulatis inter juga pinnarum solitariis; lomentis compressis densè hispidis.

MIMOSA HABBAS. *Delil.* (Fl. Ægypt. illustr. n.° 760.)
ERGET EL-KRONE. *Bruce* (Voyag. Abyss. tab. 7.)
MIMOSA POLYACANTHA. *Willd.* (Sp. pl. tom. IV, pag. 1034, quoad *Icon Brucei.*)
SAGARET EL-FAS, arbuste de la province de Sokkot. (Notes manuscr. de M. *Cailliaud.*)

Arbrisseau très-garni d'aiguillons, et dont les rameaux droits, velus, effilés, rougeâtres, croissent à la hauteur d'un homme. Les feuilles sont à neuf paires de pinnules; leur pétiole commun est long de trois à cinq pouces, garni de poils couchés qui se trouvent aussi sur les pétioles secondaires, dont la longueur est de douze à dix-huit lignes. Les folioles sont linéaires, lancéolées, aiguës, longues de trois lignes, ciliées sur leurs bords. Les aiguillons sont de deux sortes; les uns courts, comprimés, recourbés, épars sur les rameaux ou opposés sur

les côtés des pétioles; les autres deux fois plus
longs, droits, subulés, insérés au côté supérieur
des pétioles, solitaires auprès de l'attache des paires
de pinnules, tandis que les aiguillons, courts, cro-
chus, sont placés dans l'espace d'une première
paire de pinnules à une seconde. Les fleurs sont
roses, en têtes sphériques, pédonculées, solitaires
dans les aisselles des feuilles; il leur succède des
gousses linéaires, comprimées, très-rousses, couvertes de poils roides très-serrés, composées de
douze à quatorze pièces monospermes articulées.
Les graines sont étroites, alongées, verdâtres,
ovoïdes, comprimées.

Les têtes de fleurs sont roses; elles ont six lignes
de diamètre, leurs pédoncules un pouce de long.
Les gousses sont longues de vingt-quatre à trente
lignes, larges de sept lignes, épaisses de deux, et
garnissent, en boules de cinq pouces de diamètre,
les pédoncules épaissis qu'elles terminent.

6. CASSIA ABSUS.

C. foliis bijugis, obovatis; glandulis duabus subulatis
inter infima. *Lin.* (Spec. pag. 537.)

C. Absus. *Lin.* — *Lamarck* (Dict. encycl. tom. 1,
pag. 642.) — *Delil.* (Flor. Ægypt. illustr. n.° 417.)
Absus. *Prosp. Alpin.* (Pl. Ægypt. pag. 97, Icon.)·
Senna quadrifolia, &c. *Burmann.* (Flor. Zeylan
pag. 212, tab. 97.)
Chychm des droguistes d'Égypte.

Le *Cassia Absus* est une petite plante herbacée, velue, à pétioles portant deux paires de folioles : ses fleurs sont jaunes. Cette plante ne croît pas naturellement en Égypte, où les graines en sont apportées par les caravanes de Darfour. Ces graines sont noires, luisantes, presque de la grosseur et de la forme des lentilles. Leur usage est très-ordinaire pour le traitement des ophthalmies. On concasse les graines et on les monde de leur tunique; elles se réduisent en une poudre jaunâtre que l'on met sèche en petite quantité à l'intérieur de la paupière inférieure que l'on a eu soin d'abaisser. On verse la poudre entre le globe de l'œil et la paupière, en faisant tomber doucement cette poudre de dessus une petite pièce de monnaie où on l'a placée. Cette application cause une cuisson et une gêne qui font tenir les paupières fermées et qui font couler des larmes. La douleur se dissipe par degrés, en une demi-heure ou un peu plus; et les yeux, qui étaient fort injectés de sang avant et pendant l'opération, diminuent de rougeur, reprennent l'éclat de la santé, et font succéder une sensation de bien-être à l'appesantissement et à l'incommodité qui ont précédé.

L'expérience nous a fait concevoir l'utilité de ce remède, dans le cas où l'inflammation devenue chronique est entretenue par un relâchement des parties. Nous pensons que cette poudre serait dangereuse dans les inflammations actives : c'est un remède que les Égyptiens emploient avec discernement.

7. CASSIA ACUTIFOLIA.

C. caule suffruticoso ; foliis pinnatis ; petiolo eglandulato ; foliolis 5-7-jugis, lanceolatis, acutis ; leguminibus planis, ellipticis, facie utráque nudis, margine superiore subarcuatis.

C. ACUTIFOLIA. *Delil.* (Flor. Ægypt. pag. 75, tab. 27.)
SENNA ALEXANDRINA, sive foliis acutis. *Bauh.* (Pin. pag. 347.) — *Tournef.* (Inst. pag. 618.)
CASSIA LANCEOLATA. *Nectoux* (Voyage dans la haute Égypte, pag. 19, pl. II.)

Le *Séné* à feuilles aiguës, celui qui est le plus recherché dans le commerce, provient du *Cassia acutifolia*, et se distingue non moins par la forme de ses feuilles que par ses gousses ou follicules plates. Il croît dans la province de Chaykyc.(Notes manuscrites de M. *Cailliaud.*)

8. CASSIA SENNA, *L.*

C. foliis trijugis, quadrijugis, vel sexjugis, subovatis. *Lin.* (Spec. plant. pag. 539.)

C. SENNA. *Linn.* — *Lam.* (Dict. tom. II, pag. 646.) — *Willd.* (Sp. pl. II, pag. 520.) — *Delil.* (Flor. Ægypt. illustr. n.° 420.) — *Nectoux* (Voyage dans la haute Égypte, pl. I.)
CASSIA OBOVATA. *Colladon* (Monog. pag. 92.) — *Decandolle* (Prodrom. tom. II, pag. 492, n.° 34.)

Ce *Séné* est celui à feuilles obtuses, distinct

encore du précédent par ses fruits courbés, moins aplatis, et garnis de saillies en crête sur les faces. Il se trouve dans les déserts de la haute et de la moyenne Égypte. (Notes manuscrites de M. *Cailliaud.*)

9. CASSIA SINGUEANA.

C. ramis apice tomentosis; foliis pinnatis septemjugis, foliolis subpollicaribus, ovato-oblongis, obtusis, interglandulosis, margine dorsoque pubescentibus.

Arbrisseau croissant à Singué. (Notes manuscr. de M. *Cailliaud.*)

Rameaux cotonneux au sommet. Feuilles pennées, à sept paires de folioles ovales-obtuses, pédicellées, longues de douze à quatorze lignes, larges de sept à huit lignes, velues sur les bords et en dessus. Pétiole commun long de sept pouces. Stipules longues d'une à deux lignes, subulées. Pédicelles longs d'une ligne et demie, cotonneux; une petite glande cornue entre les pédicelles de chaque paire de folioles.

Cette espèce se place dans la section des Casses colutéoïdes glandulifères , qui renferme déjà trente-cinq espèces dans le *Prodromus* de M. Decandolle.

10. CASSIA SABAK.

C. ramis glabellis, ferrugineis; corollis sesquipollicaribus; floribus numerosis.

SABAK, en langue des païens.

El.-Modus, en arabe. Arbrisseau du mont Aqarô.
(Notes manuscr. de M. *Cailliaud.*)

Rameaux un peu anguleux, presque glabres.
Fleurs en grappe courte à ramification tomenteuse.
Pédicelles longs de huit à quatorze lignes. Calice à
cinq sépales obtus, ciliés, d'un jaune clair ; pétales
inférieurs un peu plus grands que les autres.
Étamines inégales, trois courtes stériles, quatre
moyennes et trois plus grandes. Ovaire subulé,
cotonneux, atténué en un style glabre.

M. Cailliaud remarque que « cet arbuste porte
» une gousse très-large qui renferme des semences
» rouges de la grosseur de celles du Tamarin : on
» se sert beaucoup de ces gousses pour la prépa-
» ration des peaux. »

11. CASSIA AREREH.

C. foliis bipinnatis, eglandulatis, glabris ; foliolis ovato-
oblongis glauco-viridibus ; leguminibus longis, cylindricis, semina matura intrà pulpam viridem foventibus.

El-Garada, en arabe.

Arereh, en langue des païens, à Abqoulgui, dans
la province de Qamâmyl. (Notes manuscrites de
M. *Cailliaud.*)

Arbre dont le fruit long, cylindrique, de la
grosseur du doigt, cloisonné transversalement, ne
diffère pas extérieurement de celui du *Cassia
Fistula*. Il contient une pulpe qui est verte à sa
maturité, autour des graines ; mais cette pulpe n'est

point bonne à manger, tandis que celle du *Cassia Fistula* est brune, agréable et sucrée.

Les jeunes plants venus des graines du *Cassia Arereh*, au jardin de Montpellier, ont des feuilles fort ressemblantes à celles du *Cassia Fistula*, seulement un peu plus petites et d'un vert glauque.

12. TAMARINDUS INDICA.

T. foliis pinnatis, multijugis; floribus racemosis; leguminibus crassis, elongatis.

TAMARINDUS INDICA; leguminibus elongatis, latitudine nempè sextuplò et ultrà longioribus, 8-12 spermis. *Decand.* (Prodr. tom. II, pag. 488.)

TAMARINDUS INDICA. *Lin.* (Spect pl. pag. 48.) — *Willd.* (Sp. pl. tom. III, pag. 577.) — *Poir.* (Dict. t. VII, p. 561.)—*Delil.* (Flor. Ægypt. illustr. p 20.)

LE TAMARINIER (*en français*).

TAMAR-HENDI (*arabe*), c'est-à-dire, fruit de l'Inde.

ARDEB (*arabe*); MAYLEH, en langue des païens. Très-grand arbre, abondant dans la province de Qamâmyl.

Calice turbiné et infundibuliforme par sa base, ayant un limbe de quatre folioles réfléchies et caduques.

Corolle de trois pétales ovales-lancéolés, tournés en haut, plissés et veinés, rétrécis à la base en onglets cannelés un peu velus.

Trois étamines, dont les filamens sont réunis par leur base, libres au-dessus, cylindriques et courbés. Trois anthères ovales comprimées.

Cinq dents ou filamens avortés, alternes avec les filamens qui portent les anthères.

Deux petites soies déliées, situées au-dessous du corps des filamens, semblent remplacer la carène.

Un pistil plus long que la fleur.

Ovaire pédicellé, linéaire, comprimé. Style recourbé en fer d'alène; stigmate épaissi. Le pédicelle de l'ovaire est soudé supérieurement dans la portion infundibuliforme du calice.

Le fruit est une gousse épaisse, longue de cinq à huit centimètres, recouverte d'une écorce séparée en deux feuillets, dans l'interstice desquels est contenue une pulpe épaisse très-acide. Cette gousse renferme trois à six graines, entre lesquelles les loges ne sont séparées par aucune cloison, mais marquées par le rétrécissement de la gousse. Les graines sont comprimées, presque rondes.

Le Tamarinier est un grand arbre; il a été décrit par Tournefort, qui l'avait vu à Grenade en Espagne, et qui l'a comparé au Noyer.

Nous ne parlerions pas de ce végétal, si nous n'avions ajouté de nouveaux détails à la description de sa fleur, et s'il n'était intéressant de faire connaître combien le Tamarin naturel d'Afrique, recueilli pour le commerce, diffère de celui que l'on trouve dans les pharmacies en France, où on regrette de ne pas l'avoir de bonne qualité : ce qui fait abandonner son usage médical.

Le tronc est droit et cylindrique, sans inégalités à sa surface. Ses branches s'étendent peu en largeur; son écorce est peu fendillée, fauve-brunâtre; ses jeunes rameaux sont abaissés; leur écorce porte des points saillans; les feuilles sont simplement ailées, à huit et quatorze paires de folioles ovales-linéaires échancrées au sommet et longues de quinze et vingt millimètres. Les fleurs sont d'une couleur un peu rouillée, et viennent en grappes lâches sur les rameaux d'un ou deux ans. Chaque fleur, avant son épanouissement, est enveloppée de trois bractées, dont l'une inférieure naît à la base du pédicule de la fleur, tandis que les deux autres naissent sous le calice. Les fruits sont un peu rudes à la surface.

Le Tamarinier ne perd point entièrement ses feuilles pendant l'hiver; il ne s'en dépouille qu'au milieu du printemps, comme le Cassier et le Lebbek des jardins du Caire, quand il prend ses nouvelles feuilles. Elles naissent alors de bourgeons écailleux: les fleurs paraissent en même temps; il en avorte un très-grand nombre. Les fruits mûrissent l'hiver suivant, et deviennent rarement parfaits en Égypte, où cet arbre est rare. Les fruits, les feuilles et les fleurs sont acides.

La pulpe des fruits est le tamarin employé en médecine. On n'en récolte point en Égypte, où ce médicament est cependant fort connu et très en usage.

Les caravanes des nègres de Darfour apportent au Caire une grande quantité de tamarin, sous la forme de petits pains ronds, percés d'un trou dans le milieu, et qui pèsent depuis une livre jusques à quatre.

Ce tamarin est dur, noir et fort acide; il est composé de la pulpe du fruit, d'une partie de son écorce brisée, et l'on y trouve aussi quelques graines. On recherche les pains de tamarin qui sont les plus gros et les plus noirs en dedans; ils conservent mieux leur qualité, et leur pulpe est plus mûre.

Lorsque les droguistes du Caire veulent se procurer de bon tamarin, ils ont soin de prendre celui que les nègres des caravanes apportent dans des peaux liées, et refusent celui que ces nègres tiennent dans des sacs. Ils pensent que ce dernier est presque toujours d'une qualité inférieure, parce que les nègres, durant le voyage, l'ont fait quelquefois tremper dans l'eau. Non-seulement on fait usage au Caire du tamarin comme d'un médicament, mais on en boit quelquefois l'infusion, parce qu'elle a un goût agréable et qu'elle passe pour être plus saine que le jus de limon.

On accommode quelquefois au Caire la viande avec du tamarin, et cet assaisonnement plaît aux habitans. Outre le tamarin apporté par les caravanes, on en trouve au Caire qui vient de l'Inde et qui est fort estimé : il est renfermé dans des boîtes et confit avec du sucre; il passe pour avoir moins de vertu; mais il est plus agréable au goût, et ne contient ni les graines ni l'écorce du fruit.

13. BAUHINIA TAMARINDACEA.

B. foliis cordatis bilobis, suborbiculatis, nervis è glandulâ sphacelatâ bipartitâ in sinu folii, per paginam superiorem excurrentibus, paginæ verò inferioris glandulis minoribus ad originem nervorum confluentibus; fructu crasso nervoso, intùs medulloso; seminibus ovoïdeis inordinatè multiseriatis.

EL-AYOUN des Arabes.

MAQAL des païens. Arbuste très-commun au mont Aqarô. (Notes manuscr. de M. *Cailliaud.*)

Rameaux glabres, fléchis un peu en zigzag; feuilles presque orbiculaires, de deux pouces et demi de diamètre, en cœur à la base, bilobées au sommet, à sept nervures, dont la moyenne se termine souvent par un appendice sétacé prolongé entre les lobes. Pétioles longs d'un pouce, plus minces au milieu qu'à leurs extrémités, sphacélés à la naissance des nervures du disque, de manière à présenter à la base des nervures, en dessous de la feuille, plusieurs glandes noirâtres, et deux taches ou glandes aplaties dans l'échancrure de la base du disque, à sa face supérieure. Ces caractères ne sont visibles que sur la plante sèche.

Légumes glabres, indéhiscens, épais de trois à quatre lignes, larges d'un pouce à dix-huit lignes, longs de six à huit pouces, ayant une écorce dure, d'un rouge-brun, garnie de nervures rameuses obliques. L'écorce ferme, filandreuse et coriace, couvre une moelle sèche jaunâtre composée de fibres perpendiculaires à l'épaisseur de la gousse, cotonneuses au toucher, et qui se réduisent en poussière entre les doigts. Les graines sont nombreuses et occupent des loges distinctes pratiquées dans la moelle du fruit, qui présente, en travers, des rangs inégaux de trois à quatre graines; celles-ci sont brunâtres, dures, lisses, ovoïdes, marquées d'une cicatrice qui indique leur insertion tournée vers le sommet du fruit.

Un embryon jaunâtre, comprimé, recouvert d'un endosperme plus épais que le tégument extérieur, remplit le centre de la graine.

14. CROTALARIA MACILENTA. (Pl. III, fig. 2 de la partie botanique; pl. LXIV de l'ouvrage.)

C. ramis subdichotomis gracilibus, petiolis ferè longitudine foliorum; foliolis ternatis ovatis subtùs brevissimè pilosis; spicis elongatis; floribus minimè confertis; fructu oligospermo, pubescente, longitudine florum.

FERTAGA, herbe que mangent les chameaux à Sennâr. (Notes manuscr. de M. *Cailliaud.*)

Rameaux grèles, fermes, cylindriques; feuilles trifoliolées; pétioles déliés, longs de neuf lignes; folioles elliptiques, un peu pâles en dessous, minces, longues comme le pétiole commun. Stipules aiguës, caduques, fort petites; fleurs au nombre de six à huit, en épis opposés aux feuilles, longs de trois à quatre pouces et nus à la base. Calice campanulé, à cinq dents triangulaires presque égales. Corolle jaune, longue de quatre à cinq lignes; étendard veiné, pubescent en dehors, obovale, porté sur un onglet très-court un peu cilié : il y a deux tubercules au devant de l'onglet, près de la base de l'étendard. Ailes spatulées, engagées par leur onglet dans la cannelure qu'offre l'étendard entre les deux tubercules de sa base. Carène coudée, formée de deux pièces échancrées au-dessus des onglets, un peu ciliée, redressée en corne un peu tordue ; dix étamines soudées par la base en une seule lanière qui embrasse l'ovaire; dix filets distincts au-dessus de cette base, dont cinq alternativement plus longs, à anthères globuleuses, et cinq plus courts, portant des anthères alongées. Ovaire horizontal, demi-elliptique, velu et convexe à son bord supérieur; style filiforme, redressé, coudé sur le germe, stigmate épaissi en massue ovoïde. Légume ovoïde, gonflé, pubescent, long de trois à quatre lignes, se terminant par le style fléchi en dessus.

Cette plante paraît glabre; mais avec la loupe on découvre des poils courts au revers des feuilles, sur les jeunes rameaux, sur les grappes et les calices.

15. CLITORIA TERNATEA, var. γ seu minor.

C. caule volubili subpubescente, foliolis bi-trijugis ovalibus ovatisve, stipulis subulatis, pedicellis solitariis unifloris, bracteolis magnis subrotundis, leguminibus glabriusculis. *Decand.* (Prodr. tom. II, pag. 233.)

CLITORIA TERNATEA. *Lin.* (Spec. pl. pag. 1025.) — *Willd.* (Spec. tom. III, pag. 1058.) — *Lamarck* (Dict. tom. II, pag. 50.)

LATHYRUS SPECTABILIS. *Forsk.* (Flor. arab. p. 135.)

Les échantillons de cette plante du pays de Fazoql, ne diffèrent du *Clitoria ternatea* de l'Inde que par leurs feuilles et leurs fleurs plus petites.

16. GLYCINE MORINGÆFLORA.

G. racemis gracilibus paniculatis, 6-8-pollicaribus, sub-cinereo-pubescentibus; floribus numerosis, mediocribus; calice subsericeo, bibracteolato; vexillo reflexo; germine lineari-sericeo, pubente; stigmate crassiusculo, glabro.

Les caractères de cette plante, dont nous ne possédons que des grappes de fleurs, se rapprochent plus du *Galactia* que du *Glycine;* mais le port des grappes n'est nullement celui du *Galactia;* et ne voulant pas omettre de les décrire, c'est sous le titre du genre *Glycine*, dont beaucoup d'espèces sont insuffisamment connues, que nous les men-tionnons.

Les grappes ressemblent à celles du *Moringa oleifera;* les fleurs ont environ six lignes de long; le calice est urcéolé à deux lèvres, dont la supérieure est d'une pièce, et l'inférieure tridentée; les ailes et la carène sont oblongues, dentées près de l'onglet. L'étendard est bidenté au-dessous du limbe; les étamines sont diadelphes; il y en a cinq un peu plus courtes. L'ovaire est comprimé, linéaire, soyeux, un peu plus long que le style, qui se termine par un stigmate glabre épaissi.

La plante croît à el-Qerebyn.

17. GALEGA APOLLINEA.

> G. foliis subtùs 3-4-jugis; foliolis emarginatis, obovatis oblongis; racemis oppositifoliis, longitudine foliorum; leguminibus linearibus, acutis, 6-7-seminiferis. *Delil.* (Flor. Ægypt. pag. 144, tab. 53, fig. 5.)

TEPHROSIA APOLLINEA. *Decand.* (Prodr. tom. II, pag. 254.)

EL-AMEYAN, plante dont la graine sert à préparer un onguent pour les blessures des chameaux, à Dongolah. (Notes manuscr. de M. *Cailliaud.*)

18. INDIGOFERA PARVULA. (Pl. III, fig. 1 de la partie botanique; pl. LXVI de l'ouvrage.)

> I. ramis spithameis diffusis; foliis imparipinnatis; foliolis bi-trijugis, obovatis, cinereis; stipulis subulatis; spicis floralibus folia subæquantibus.

Racine ligneuse, donnant naissance à des rameaux étalés, épais seulement de demi-ligne à une ligne. Feuilles simplement pinnées, à cinq ou sept folioles, très-briévement pédicellées, obovales, longues de cinq lignes. Pétiole commun, canaliculé en dessus, muni à sa base de deux stipules droites subulées.

Fleurs petites, en épis axillaires un peu plus longs que les feuilles.

Calice long d'une ligne, campanulé, à cinq dents droites poilues, dont les inférieures sont les plus longues. Ce calice est presque sessile dans l'aisselle d'une petite bractée subulée.

Étendard obovoïde pubescent en dehors à son sommet. Ailes un peu plus courtes et plus étroites que la carène, un peu ciliées sur leur bord supérieur. Carène de deux pièces soudées en partie par les bords prolongés au-delà des ailes en un sommet rétréci. Chaque pièce de la carène porte un petit renflement éperonné dans sa partie moyenne, et se rétrécit en onglet à sa base.

Étamines diadelphes, la dixième supérieure libre; les neuf autres filets soudés jusque très-près de leur sommet. Anthères presque globuleuses.

Ovaire linéaire; stigmate en tête.

Les feuilles et l'écorce de cette plante sont couvertes de poils couchés, insérés par leur milieu, en fléau de balance, visibles distinctement à la loupe, et donnant un aspect cendré à la plante.

Ce sont des poils semblables qui donnent aussi une teinte gris-cendré à l'*Indigofera argentea* et à l'*Indigofera paucifolia*, plantes qui croissent en Égypte.

19. INDIGOFERA PAUCIFOLIA.

I. ramis cinereis erectis; foliis simplicibus vel trifoliolatis; foliolis basi stipulatis, ovato-lanceolatis; spicis axillaribus folia superantibus, incurvis, acutis. *Delil.* (Fl. Ægypt. pag. 107, tab. 37, fig. 2.) —*Decand.* (Prodrom. tom. II, pag. 224, n.º 30.)

Touché, plante cueillie à Dongolah. (Notes manuscr. de M. *Cailliaud.*)

20. ALHAGI MAURORUM.

A. caule fruticoso, foliis obovato-oblongis, dentibus calycinis acutis. *Decand.* (Prodr. tom. II, pag. 352.)

Hedysarum Albagi. *Lin.* (Spec. pag. 1051.) —*Willd.* (Spec. t. III, p. 1171.) — *Lamarck* (Dict. encycl. tom. VI, pag. 376.) — *Delil.* (Flor. Ægypt. n.º 683.)

Agul et Algul Mauris, in cujus fronde, præcipuè apud Persas, manna colligitur quam *trunschibin,* Arabes vero *terniabin* et *trungibin,* appellant. *Rawolf* (Iter. pag. 94 et 173, tab. 14. — Flor. orient. n.º 228.)

Agoul de la petite oasis et de Regen. (Notes manuscr. de M. *Cailliaud.*)

L'*Agoul* est une des plantes que les voyageurs sont le plus surpris de voir facilement broutée par les chameaux, malgré les longues et fortes épines dont elle est hérissée, en petits buissons arrondis inattaquables à la main.

Cette plante ne donne point, dans les déserts d'Afrique, le suc blanc concret ou manne qui se recolte sur ce même buisson en Perse, et qui est produit, suivant Tournefort, par l'extravasion de la sève.

On reconnaît cette manne, dont M. Olivier, auteur du *Voyage dans l'Empire ottoman,* rapporta plusieurs livres en France, à ses grains ou fragmens inégaux, blancs, tout-à-fait sucrés, et secs, ne s'agglomérant en pâte que si on les tient humides, et mêlés de portions d'épines et de fruits de la plante. On exporte de Perse à Alep cette manne en grande quantité.

Niebuhr (*Descript. Arab.* pag. 129) dit que, dans les grandes villes de Perse, on ne se sert que de cette manne au lieu de sucre pour les pâtisseries et autres mets.

FAMILLE DES SYNANTHÉRÉES.

21. VERNONIA AMYGDALINA.

V. caule fruticoso; foliis lanceolatis integriusculis; ramis apice pubescentibus; paniculis diffusis longitudine foliorum, pedicellis unifloris.

Kikir (*arabe*).

Kering, en langue des païens du Fazoql. Arbre dont la feuille est très-alongée, et qui porte des fleurs blanches au sommet des branches. (Notes manuscr. de M. *Cailliaud.*)

Les rameaux de cet arbre sont minces, n'ayant qu'une ligne de diamètre à un pied au-dessous de leur terminaison. Leur écorce est glabre, légèrement brunâtre, ridée.

Les feuilles sont alternes, lancéolées, longues de cinq à six pouces, aiguës à leur sommet et à leur base, brièvement pétiolées, presque entières, ou bordées de quelques dents très-courtes inclinées, écartées. Les nervures portent au revers des feuilles quelques poils courts épars. Les pétioles, les jeunes feuilles et les rameaux des panicules sont un peu cotonneux.

Les fleurs sont disposées en corymbes terminaux, paniculés, courts et étalés, à rameaux fourchus et à pédicelles uniflores de même longueur que les fleurs. Les involucres sont demi-globuleux, formés d'écailles imbriquées, un peu obtuses, dont les extérieures sont courtes, arrondies, et les intérieures linéaires. Le réceptacle est très-peu convexe et présente quinze à vingt cicatrices ou petites tubérosités, isolées dans autant de dépressions légères rangées en quinconce. Les fleurons ont cinq lignes de longueur. L'ovaire est oblong, un peu turbiné; l'aigrette consiste en vingt ou trente soies droites, denticulées, persistantes. La corolle est tubuleuse, un peu étranglée au-dessus de sa base; elle dépasse un peu en hauteur les soies de l'aigrette. Son limbe est à cinq dents, au-dessus desquelles le stigmate, qui est filiforme, velu, bifide, s'élève d'environ une demi-ligne. Les akènes sont obovoïdes, tronqués, un peu arqués, légèrement hispides, marqués de dix nervures longitudinales, couronnés par les soies de l'aigrette, et terminés au centre de leur sommet par un petit godet brunâtre, saillant, qui est un débris de la base du style.

22. CONYZA DIOSCORIDIS.

C. foliis lato-lanceolatis dentatis , sessilibus, stipulatis. *Lin.* sub Baccharide. (Am. academ. tom. IV , pag. 289.) — *Willd.* (Spec. tom. III , pag. 1917.) — *Lamarck* (Dict. encycl. tom. I, pag. 346.)

CONYZA DIOSCORIDIS. *Rawolf* (Iter. 54, tab. 3.) — *Desfont.* (Hort. Paris.) — *Delil.* (Flor. Ægypt. n.º 811.)

23. CONYZA DONGOLENSIS.

C. ramis villosis; foliis sessilibus, oblongis , dentatis , sublyratis , basi incisis vel pinnatifidis, segmentis acutis.

TICH (*arabe*), plante à rameaux un peu velus, à feuilles longues de trois pouces, ovales-oblongues, incisées, sinueuses à la base, à segment terminal, oval, denté. Cueillie à Dongolah, sans fleurs. (Notes manuscr. de M. *Cailliaud.*)

24. INULA UNDULATA.

I. foliis amplexicaulibus, cordato-lanceolatis, undulatis. *Lin.* (Mant. p. 115.) — *Willd.* (Spec. tom. III , p. 2092.) — *Lamarck* (Dict. tom. III , pag. 406.) — *Delil.* (Flor. Ægypt. n.º 824.)

CHOBBEYREH EL-GEBEL. Plante odorante de la province de Sokkot, en Nubie. (Notes manuscr. de M. *Cailliaud.*)

25. INULA CRITHMOIDES.

I. foliis linearibus, carnosis, tricuspidatis. *Lin.* (Spec. pag. 1240.) — *Willd.* (Spec. tom. III , pag. 2101.) — *Lamarck* (Dict. tom. III , p. 261.) — *Delil.* (Flor. Ægypt. n.º 826.)

ZARATA (*arabe*). Plante du désert de la petite oasis. (Notes manuscr. de M. *Cailliaud.*)

26. ETHULIA GRACILIS. (Pl. III, fig. 5 de la partie botanique; pl. LXIV de l'ouvrage.)

E. ramis strictis paniculatis, foliis lanceolatis. (Affinis *Ethuliæ conyzoidi* Linnæi, sed species distincta.)

Plante recueillie à el-Qerebyn.

Tige partagée en rameaux droits corymbifères, épais seulement d'une ligne, à un pied de distance au-dessous des fleurs, s'amincissant par degrés, légèrement striés étant secs. Les feuilles sont alternes, lancéolées, longues de deux pouces sur six lignes de large, sessiles, aiguës à leurs deux extrémités, dentées en scie sur les rameaux non fleuris, souvent entières, lorsqu'elles accompagnent des rameaux florifères.

Les fleurs sont roses, larges de trois à quatre lignes, à involucres globuleux larges d'une ligne et demie environ; elles viennent en petits corymbes, dont les rameaux se fourchent de manière à fournir à chaque fleur un pédicelle accompagné souvent d'une bractée linéaire fort petite.

L'involucre est un peu velu, composé de folioles linéaires, médiocrement aiguës, vertes au sommet. Les folioles extérieures sont un peu inégales et imbriquées. Celles du rang intérieur sont assez égales entre elles et un peu plus longues que les akènes.

Le réceptacle est nu et marqué par les impressions anguleuses de la base des akènes. Les fleurons sont roses, très-déliés, longs d'un peu plus d'une ligne. Le style est bifide, un peu cilié, et dépasse les anthères incluses dans le limbe. Les akènes sont oblongs, tronqués, anguleux, à cinq ou six faces, un peu déprimés, couverts de petits grains verruqueux, brillans, jaunâtres. Ces akènes sont sans aigrettes, couronnés d'un rebord mousse et d'un tubercule central persistant après la chute du style; leur longueur est de deux tiers de ligne.

Cette plante porte, presque dans toutes ses parties, des poils fort courts, qui la rendent un peu rude au toucher. Ses feuilles sont ponctuées de glandes transparentes très-nombreuses, visibles en exposant directement près de l'œil les feuilles en face de la lumière vive du jour, et sur-tout en les examinant à la loupe.

27. ECLIPTA ERECTA.

E. caule erecto strigoso; foliis oblongo-lanceolatis, sessilibus, remotè serratis. *Lin.* (Mant. pag. 286 et 475.) — *Willd.* (Spec. pl. tom. III, pag. 2217.) — *Lamarck* (Dict. tom. II, p. 342.) — *Delil.* (Flor. Ægypt. n.º 845.)

QADYM EL-BINT (*arabe*). Graines rapportées de Sennâr, prises chez un droguiste. (Notes manuscr. de M. *Cailliaud.*)

28. ACMELLA CAULIRHIZA. (Pl. III, fig. 7 de la partie botanique; pl. LXIV de l'ouvrage.)

A. caule prostrato sub petiolis radicante; foliis ovato-rhombeis, subcrenatis, basi trinerviis.

GASH EL-GANEM. Plante de Sennâr, usitée contre les maux de tête. (Notes manuscr. de M. *Cailliaud.*)

Rameaux herbacés, couchés, dichotômes, épais d'une ligne; entrenœuds longs de deux pouces et demi environ. Feuilles opposées, briévement pétiolées, longues de dix-huit à vingt lignes : elles sont ovales, un peu rhomboïdales, à trois nervures principales, saillantes en dessous. Leur disque est crénelé de quelques dents couchées, très-courtes, et porte près des bords quelques poils courts, durs, visibles à la loupe. Les pétioles sont connés; les rameaux alternes, solitaires dans l'aisselle des feuilles, quelquefois opposés. Les nœuds poussent des tubercules radiculaires brunâtres qui se montrent au-dessous de l'insertion des pétioles.

Les fleurs sont jaunes, larges de quatre lignes, portées sur des pédoncules solitaires qui partent de l'aisselle des pétioles. Les pédoncules sont filiformes, simples, et dépassent les feuilles en longueur, sur-tout à la maturité du fruit.

L'involucre est à deux rangs de folioles; l'intérieur a ses feuilles plus étroites et plus inégales que l'extérieur; elles sont au nombre de six à sept dans chacun des rangs. Les demi-fleurons, au nombre de douze à quinze, ont le limbe ovoïde, un peu quadrilatère, terminé par trois dents obtuses, et repose sur un tube hispide; leur style est bifide, peu saillant. Les akènes sont ovoïdes, tronqués, convexes en dehors, anguleux sur le côté intérieur. Les fleurons sont glabres, jaunes comme les rayons, séparés par des paillettes cymbiformes obtuses. Le réceptacle est conique, un peu tuberculeux, et presque subulé à maturité.

Les pédoncules, les involucres et les sommets des jeunes pousses sont couverts de quelques poils courts, couchés.

FAMILLE DES APOCINÉES.

29. CYNANCHUM HETEROPHYLLUM. (Pl. II, fig. 4 de la partie botanique; pl. LXIII de l'ouvrage.)

C. ramis scandentibus glabris; foliis inferioribus cordatis dilatatis, superioribus ovatis; floribus minutis umbellatis; corollâ intùs hispidâ; fructu glabro.

ALAGA. Plante sarmenteuse à petite fleur en étoile, veloutée, de l'île d'Argo, au pays de Dongolah. (Notes manuscr. de M. *Cailliaud.*)

Cette plante est glabre, à rameaux minces, souvent fléchis sur les nœuds, mais qui paraissent surtout destinés à se soutenir au moyen des pétioles qui se courbent.

Les feuilles sont opposées, pétiolées, les unes un peu deltoïdes ou cordiformes, larges de vingt lignes, sur de forts rameaux : les autres feuilles sont ovoïdes-lancéolées, larges de six à huit lignes, et longues de quinze lignes; elles garnissent des rameaux simples terminaux.

Les fleurs ont deux lignes de largeur et naissent

en très-petites ombelles au côté des rameaux, dans
l'intervalle de deux pétioles opposés. Ces ombelles
sont portées sur un pédoncule capillaire, pubescent, qui s'épaissit, devient glabre sous les fruits,
et qui reste ordinairement plus court que les pétioles des feuilles. Le calice est campanulé, très-
court (d'un tiers de ligne), pubescent au-dehors.
La corolle est à cinq divisions ovales-linéaires,
poilues en dedans, pubescentes au dehors. Un
disque glanduleux sépare le limbe du corps central
stammifère, et présente cinq tubercules géminés
qui font saillie au bas des angles de séparation des
cinq divisions du limbe, où ils représentent cinq
plis épaissis, au contour de la gorge de la corolle.
Les étamines sont réunies en un corps pentagone
très-court. Les follicules ou fruits sont fusiformes,
arqués, glabres, environ de la longueur des feuilles,
et contiennent des semences aigrettées, obovoïdes,
tronquées, plates, imbriquées.

30. CYNANCHUM ARGEL.

C. caule bipedali, erecto, ramoso, foliis lanceolatis
glabris. *Delil.* (Flor. Ægypt. pag. 53, tab. 20, fig. 2.)

CYNANCHUM OLEÆFOLIUM. *Nectoux* (Voyag. pag. 20,
tab. 3.)

ARGEL (*arabc*). A Dongolah, les femmes, étant en-
ceintes, mangent le fruit de cette plante. (Notes
manuscr. de M. *Cailliaud.*)

Ce fruit est un follicule coriace et amer, qui ne

peut être que dangereux. Les feuilles de la plante sont purgatives, et quelquefois mélangées avec celles du Séné par les Arabes, qui en font la récolte dans le désert.

31. ASCLEPIAS LANIFLORA. (Pl. III, fig. 3 de la partie botanique ; pl. LXIV de l'ouvrage.)

A. foliis subsessilibus lanceolatis, pedunculis folia subæquantibus, racemosis; corollis campanulatis, laciniis limbi ovatis intùs lanosis.

Plante découverte au mont Aqarô.

Rameaux glabres cylindriques, de la grosseur d'une plume d'oie. Feuilles lancéolées, étroites, opposées, presque sessiles, longues de trois à quatre pouces, sur quatre à cinq lignes de largeur, se rétrécissant insensiblement à leurs extrémités, un peu canaliculées en dessus, sur leur nervure moyenne, la seule apparente et saillante en dessous.

Fleurs en grappes turbinées axillaires pédonculées. Ces fleurs sont blanches, évasées en cloche, larges de sept lignes, portées sur des pédicelles filiformes, longs d'un pouce, insérés dans l'aisselle d'une bractée courte, verte, subulée.

Le rachis de la grappe s'alonge et conserve, après la floraison, les traces tuberculeuses de la chute de plusieurs fleurs.

Le calice est profondément partagé en cinq divisions lancéolées, aiguës, de moitié ou des deux tiers plus courtes que la corolle. Les divisions de la corolle sont ovales, et remarquables par les poils laineux qui tapissent leur face intérieure.

La colonne staminifère ne dépasse pas le fond en godet de la corolle. Cette colonne repose sur une base étranglée, et s'épaissit au sommet en une masse tronquée cylindrique, qui porte à son contour cinq appendices verticaux connivens, nés d'une membrane circulaire, marquée dans chaque intervalle de ces appendices par une écaille courte droite onguiforme : les cinq appendices se terminent en un prolongement cornu penché sur le plateau stigmatique.

Les anthères soudées autour du plateau sont biloculaires, au nombre de cinq. Les ouvertures de deux loges sont cachées et couvertes sous l'écaille terminale et inclinée de l'anthère. Les masses polliniques de chaque loge communiquent, par une branche supérieure et latérale, avec les masses de pollen correspondantes des anthères voisines. Les masses de pollen, pendantes deux à deux, sont attachées à une glande noirâtre enchâssée à chaque angle du stigmate.

Les ovaires sont géminés, ovoïdes, glabres, amincis, et joignent par leur sommet le plateau stigmatique qui ferme le tube staminifère.

23. CARISSA EDULIS. (Pl. II, fig. 1 de la partie botanique, pl. LXIII de l'ouvrage.)

C. ramis extremis pubescentibus; foliis ovatis glabris; floribus cymosis; laciniis corollæ lanceolatis.

CARISSA EDULIS. *Vahl* (Symb. bot. tom. I, pag. 22.) — *Willd.* (Spec. pl. I, pag. 1220.) — *R. Brown* (in Append. catal. itin. Abyss. *Salt.*)

ANTURA. *Forsk.* (Flor. arab., descr. pag. 63.)

ATHERA, en arabe; HIAN et ATOUTOU des naturels du pays à Qamâmyl. (Notes manuscr. de M. *Cailliaud.*)

Arbrisseau dont les feuilles ressemblent à celles de la grande Pervenche. Ses rameaux sont minces, dichotomes, pubescens lorsqu'ils sont terminaux : ils portent des feuilles opposées, ovales, presque sessiles, médiocrement aiguës; les plus grandes sont longues de deux pouces sur dix-huit lignes de large. Deux épines opposées se rencontrent fréquemment dans les bifurcations des rameaux; il n'y a qu'une ou deux paires de feuilles sur les portions de rameaux non florifères, et trois paires de ces mêmes feuilles sur les rameaux qui se terminent par des fleurs : leurs feuilles inférieures sont moitié moins grandes que les supérieures.

Les fleurs viennent en cime terminale, dont les pédoncules principaux multiflores, au nombre de deux à quatre, portent chacun un petit groupe de fleurs brièvement pédicellées ou sessiles, accompagnées de bractées ou écailles subulées.

Le calice est pubescent, à cinq folioles lancéolées, aiguës, longues d'environ une ligne et demie. Le tube de la corolle est grêle, long de huit à neuf lignes, étranglé à l'insertion du limbe, mais renflé immédiatement sous cet étranglement, et velu à l'intérieur où sont logées cinq anthères droites, sessiles subulées: le limbe est ouvert en haut, de cinq lignes de diamètre, partagé en cinq divisions lancéolées, aiguës.

L'ovaire est glabre, lancéolé: le style, en colonne grêle, s'élève jusqu'au renflement du tube de la corolle, et se termine en un stigmate oblong, épaissi, surmonté d'un filet court plumeux.

Le fruit est une baie ovale, de la grosseur d'un pois, à deux loges et à quatre semences, bon à manger.

C'est de Forskal, qui observa cette plante en Arabie, dans les montagnes d'Hadié, que nous avons emprunté les caractères du fruit pour compléter la description de cet arbrisseau.

Vahl, en donnant, pour caractère des feuilles du *Carissa edulis*, la privation des nervures, tandis que les nervures sont très-distinctes dans les échantillons de Nubie rapportés par M. Cailliaud, nous laissait en doute de savoir si cette plante est véritablement le *Carissa edulis*; mais il nous a paru que Vahl, en corrigeant et augmentant la description de Forskal, a pu admettre un caractère fautif. Forskal ne parle pas, il est vrai, des nervures des feuilles; mais il est plus exact que Vahl, en décrivant les fleurs en corymbe, et les feuilles les unes aiguës, les autres obtuses, &c.

« L'*Athera* des arabes ou *Hian* et *Atoutou* » des naturels du pays à Qâmamyl, est un arbre » fort abondant, peu élevé, perdant ses feuilles en » hiver, dont la feuille ressemble à celle de l'oran-» ger, et dont la fleur est blanche, très-odorante, » approchant du parfum de la fleur d'orange; il » porte des épines sur les plus gros rameaux*. » En effet, de trois rameaux courts rapportés de la Nubie par M. Cailliaud, il n'y en a qu'un qui porte les épines caractéristiques du genre, dans l'angle de division des rameaux.

33. STRYCHNOS INNOCUA.

S. pomo sphærico, infrà mammoso, sub cortice lignoso nitido fovens semina orbiculata insipida immersa per pulpam fundo pericarpii præsertim adhærentem.

El-Houm, en arabe.

Boudetarb, en langue des païens. Arbrisseau qui perd ses feuilles en hiver, portant un fruit lisse sphérique, de la grosseur d'une petite orange, qui jaunit en mûrissant et n'est d'aucun usage. (Notes manuscr. de M. *Cailliaud.*)

Arbrisseau dont le fruit sphérique, un peu acuminé, en mamelon à sa base, épais de deux pouces,

---

* Notes manuscrites de M. Cailliaud.

consiste en une écorce ou enveloppe indéhiscente, ferme, ligneuse, luisante en dehors et piquetée de points tuberculeux très-fins. Cette écorce limite une seule cavité remplie de pulpe dont les principales fibres naissent du pédoncule qui s'épanouit dans le fruit. Les graines sont au nombre de quinze à vingt, orbiculaires, ou un peu alongées du côté où se trouve l'embryon.

La pulpe se confond avec le tégument propre de la graine, en lui fournissant des fibres qui divergent d'un point auquel on reconnaît au bord de la graine la place qu'occupe l'embryon logé précisément là où ces fibres sont le plus rapprochées. La graine est formée d'un endosperme corné, de deux plaques juxta-posées, soudées circulairement, et qui pressent, dans un point de leur circonférence, l'embryon dont la radicule est cylindrique et centrifuge par rapport à la masse de la graine. Les cotylédons dirigent leur sommet vers le centre; ils sont foliacés, très-minces, trinervés, et constamment appliqués un peu de côté, l'un sur l'autre, de manière à ne pas se recouvrir exactement tous deux.

34. APOCINEÆ species? Arbre.

Nous mentionnons ici un arbre d'el-Qerebyn, à rameaux cylindriques, veloutés sur-tout à leurs extrémités, à feuilles pareillement veloutées, de couleur vert-jaunâtre, nullement incanes, ovales, un peu cordiformes, longues de trois pouces, presque sessiles. Les mérithalles ou entrenœuds sont plus courts que les feuilles ; les nervures sont oblongues et parallèles, au nombre de six à huit, proéminentes sous la feuille, et nées des bords de la côte moyenne, qui est demi-cylindrique et velue : il n'y a point de stipules ; les feuilles sont très-entières.

FAMILLE DES ATRIPLICÉES.

35. SALVADORA PERSICA.

S. foliis petiolatis, ovato-lanceolatis, oppositis, racemis terminalibus. *Lamarck* (Dict. encycl. tom. **VI**, pag. 483. — Illustr. gen. tab. 81.)

Salvadora persica. *Lin.* (Syst. veget. pag. 166.) — *Delil.* (Flor. Ægypt. n.° 189.)

Arak des Arabes ; Mesuak des Barabras. Arbrisseau dans le Faras, en Nubie. (Notes manuscr. de M. *Cailliaud.*)

36. SALSOLA INERMIS.

S. fruticosa, aphylla, ramis inermibus, bracteis farinoso-villosis. *Forsk.* (Descr. pag. 57.) — *Lamarck* et *Poiret* (Dict. encycl. tom. **VII**, pag. 229.) — *Delil.* (Flor. Ægypt. n.° 308.)

Cette plante, recueillie sur le chemin de Syouah, est basse et étalée ; ses rameaux sont fermes et grèles ; ses feuilles sont petites, d'une ligne environ, demi-globuleuses, pruineuses ou comme sablées à la surface, et tout-à-fait semblables aux bractées ou feuilles florales, ce qui a fait regarder à tort cette plante comme aphylle. Les fleurs sont petites comme les feuilles; les calices fructifères sont bordés d'une membrane horizontale.

37. CORNULACA MONACANTHA.

C. caule fruticoso ramoso; ramis junioribus articulatis; articulis folio mucronato squamiformi terminatis; floribus glomeratis axillaribus, bracteatis; villorum involucris interpositis. *Delil.* (Flor. Ægypt. p. 62, tab. 22, fig. 3.)

AHADDEH (*arabe*). Plante du désert de Syouah. (Notes manuscr. de M. *Cailliaud.*)

38. TRAGANUM NUDATUM.

T. caule frutescente diffuso; ramis junioribus albidis, glabris, apice tomentosis; foliis triquetris mucronato-acutis. *Delil.* (Flor. Ægypt. pag. 60, tab. 22, fig. 3.)

FERES (*arabe*). Plante du désert de Syouah ; les Arabes empêchent leurs chevaux de la manger, parce qu'elle cause des pissemens de sang. (Notes manuscr. de M. *Cailliaud.*)

39. ATRIPLEX HALIMUS.

A. caule fruticoso, foliis deltoïdibus integris. *Lin.* (Spec. pag. 1492.) — *Willd.* (Spec. tom. IV, pag. 957.) — *Delil.* (Flor. Ægypt. n.° 954.)

GARDEL (*arabe*). Au Dakel. (Notes manuscr. de M. *Cailliaud.*)

FAMILLE DES GRAMINÉES.

40. ZEA MAYS.

ZEA MAYS. *Lin.* (Spec. pag. 1378.) — *Lamarck* Dict. encycl. tom. III, pag. 180.)

Le MAÏS CULTIVÉ, appelé aussi communément *Blé de Turquie.*

DOURAH ROUMY (*arabe*).

41. SORGHUM VULGARE.

S. paniculâ coarctatâ, ovali, maturescente cernuâ; seminibus nudis utrisque subcompressis. *Pers.* (Synops. tom. I, pag. 101.) — *Delil.* (Flor. Ægypt. n.º 161.)

HOLCUS SORGHUM. *Lin.* (Spec. pag. 1484.) — *Lamarck* (Dict. encycl. tom. III, pag. 140.)

DOURAH BELEDY (*arabe*).

42. ORYZA SATIVA.

ORYZA SATIVA. *Lin.* (Spec. pag. 475.) — *Lamarck* (Dict. encycl. tom. VI, pag. 208.) — *Delil.* (Flor. Ægypt. n.º 390, et Mém. pl. cult. pag. 6.)

Le RIZ CULTIVÉ, appelé *Rouz* par les Arabes.

43. BAMBUSA ARUNDINACEA. *Willd.*

B. foliis linearibus acutis, margine deorsùm scabris; laminæ abruptìm angustatæ nervo medio vaginam petente, inter ligulam veram interiorem et ligulam dorsalem spuriam quasi articulo quodam suppositam.

BAMBOS ARUNDINACEA. *Lamarck* (Dict. encycl. t. VIII, pag. 701.)

ARUNDO BAMBOS. *Lin.* (Spec. tom. I, pag. 120.)

Gᴀɴʏɴ ou Gᴀɴᴀ (*arabe*); Gᴀᴄᴏᴜ des païens. Espèce de Bambou dont les tiges ont quelquefois plus de trente pieds de haut, et qui, ayant aussi une moindre taille, ressemble aux roseaux communs. Ce Bambou est très-commun à Qamâmyl, et sert aux habitans pour toutes leurs constructions; ils en font le bois de leurs lances, en choisissant les tiges d'âge et de grandeur convenables. (Observations de M. *Cailliaud.*)

Nous réunissons ici au Bambou commun l'espèce qui croît à Qamâmyl; mais nous n'en possédons qu'un rameau insuffisant pour déterminer positivement l'espèce et le genre. Nous nous bornons à indiquer cette plante sans nom nouveau.

Nous avons signalé dans la phrase latine la structure de la feuille du *Bambou,* articulée avec la gaine, qui ne nous paraît pas avoir été observée par les botanistes dont nous avons les ouvrages sous les yeux.

Le nom de *Gana,* donné en Éthiopie à cette plante, est commun à plusieurs des langues les plus anciennes de l'Orient, pour désigner les roseaux. (Voyez *Hiller,* Hierobotanicon, tome II, pag. 312.)

FAMILLE DES MALVACÉES.

44. HIBISCUS DONGOLENSIS.

H. foliis ovatis subcordatis acuminatis, crenato-serratis; floribus breviter pedunculatis ; laciniis involucri angusto-linearibus; calycis segmentis basi dilatatis, trinerviis, discoloribus, apice lineari reflexo virentibus.

Plante découverte à Dongolah.

Les rameaux sont environ de la grosseur d'une plume ordinaire à un pied au-dessous de leur sommet, et presque glabres. Ils sont pubescens vers leur terminaison.

Les feuilles sont ovales acuminées, quelquefois médiocrement échancrées en cœur, bordées de dents inégales demi-ovoïdes. Les pétioles ont moins de longueur que le disque des feuilles, qui acquiert ordinairement trois pouces , et qui est glabre et à trois nervures principales. Les fleurs sont solitaires dans l'aisselle des feuilles, briévement pédonculées. Le calice extérieur ou l'involucre proprement dit est à cinq divisions linéaires, aiguës. Les divisions du calice intérieur sont brunâtres, élargies et tri-nervées à leur base, vertes, linéaires et rabattues par leur sommet. Les pétales sont jaunes, ovales renversés , longs d'un pouce et demi, velus en dehors à leur base. Les anthères garnissent dans toute la longueur l'androphore, au-dessus duquel paraissent cinq stigmates colorés , papilleux , turbinés.

45. SIDA MUTICA.

S. foliis suborbiculatis, cordatis, denticulatis, breviter acuminatis, tomentosis; petalis calice vix duplò longioribus; fructu sphærico, depresso, tomentoso, umbilicato; carpellis semilunatis dispermis muticis.

ABUTILON, folio subrotundo serrato caule tomentoso. *Miller in Pocock.* (edit. angl. in-fol. vol. I, p. 282, icon.)

SIDA MUTICA , GERGYDAN de Nubie. *Delil.* (Flor. Ægypt. illustr. n.º 633.)

GORDODAN des Barabras; HABSYMBEL, graine chez un droguiste, à Sennâr. (Notes manuscr. de M. *Cailliaud*)

Arbrisseau tomenteux, quelquefois d'environ dix pieds. Feuilles à disque orbiculaire, en cœur, denticulées, larges de deux à trois pouces. Pétioles souvent plus courts que les feuilles; stipules subulées, cotonneuses. Jeunes fleurs et boutons penchés; fleurs épanouies et fruits dressés. Pédoncules axillaires, solitaires et uniflores. Fruits tomenteux, globuleux, déprimés, ombiliqués, de la grosseur de l'extrémité d'un doigt, à carpelles très-comprimées, mutiques, dispermes.

Il paraît que cette plante, sauvage en Nubie, que nous avons vue quelquefois dans la haute et dans la basse Égypte presque sauvage, est propre à quelque usage, puisque ses graines se trouvent à Sennâr, et même au Caire, où nous les avons vues, chez les droguistes. Nous n'avons cependant pu rien savoir de l'utilité de ces graines, quand nous étions

en Égypte, ni des Barabras eux-mêmes en Nubie,
qui nous disaient le nom de la plante tel à-peu-près
qu'il a été dit aussi par eux à M. Cailliaud.

46. ADANSONIA DIGITATA.

ADANSONIA DIGITATA. *Lin.* (Spec. pag. 960.) — *Lamarck* (Dict. tom. I, pag. 370. — *Cavan.* (Diss.
tom. V, pag. 298, tab. 175.) — *Decand.* (Prodr.
tom. I, pag. 478.)

BAOBAB. *Prosp. Alpin.* (Ægypt. p. 66.) — *Adanson.*
(Act. Acad. Par. pag. 1761, tab. 6-7.)

Le BAOBAB, appelé EL-OMARAH à Sennâr, et dont le
fruit y est appelé EL-KONGLES : les païens nomment
cet arbre OUFA. (Notes manuscr. de M. *Cailliaud.*)

47. STERCULIA SETIGERA.

S. folliculis ovatis intùs densè velutinis, extùs pannosis,
seminibus ovatis, nigris, carunculâ crassâ reniformi albâ
instructis.

TERTU, en arabe; GONSO, en langue des païens.
(Notes manuscr. de M. *Cailliaud.*)

CULHAMIA. Arbre des montagnes de l'Arabie. *Forsk.*
(Descript. pag. 96.)

Nous n'avons que le fruit de ce végétal, qui
présente le caractère du genre *Sterculia* par la
déhiscence naturelle des follicules avant leur maturité, et qui met les ovules à nu. Ces follicules
sont longs de deux à trois pouces, ovoïdes, amincis
aux deux bouts, se rétrécissant par leur base et se
terminant en un prolongement cornu par leur
sommet. Ils sont fort légers, durs, coriaces, veloutés

d'une manière très-douce en dehors, un peu ridés, garnis de poils feutrés à l'intérieur, mais alongés droits et fasciculés vers la suture autour des points d'attache des graines. Il y a cinq graines, à chacun des bords écartés de la suture qui fournissent les podospermes courts particuliers de chaque graine. Une caroncule blanche, réniforme, épaisse, surmonte le hile. La graine est noire, lisse, ovoïde, et longue de cinq à six lignes.

FAMILLE DES URTICÉES.

48. FICUS SYCOMORUS.

F. foliis cordatis, subrotundis, integerrimis. *Lin.* (Spec. pag. 1513) — *Willd.* (Spec. tom. IV, pag. 1133.) — *Lamarck* (Dict. tom. II, pag. 492.)

Le Figuier sycomore ou le Sycomore; en arabe Gymeyz. (Notes manuscr. de M. *Cailliaud.*)

49. FICUS PLATYPHYLLA.

F. foliis cordatis, ovalibus, obtusis, glabris, suprà lucidis, subtùs mollibus; pedunculis axillaribus geminatis, fructu globoso longioribus.

Gymeyz des Arabes, ou Sycomore à très-grandes feuilles, commun à Singué, et appelé Mincho par les païens. (Notes manuscr. de M. *Cailliaud.*)

Cet arbre diffère du Sycomore d'Égypte par des feuilles deux fois plus grandes; elles sont larges de six pouces à six pouces et demi, et longues de huit pouces, entières, ou déprimées par de très-légères ondulations sur les bords, en cœur, à deux lobes demi-circulaires remontant l'un sur l'autre en dessus du pétiole.

Les nervures sont au nombre de huit à neuf, qui partent latéralement de la côte moyenne. La face supérieure des feuilles est unie et glabre; l'inférieure est réticulée, douce au toucher comme si elle était veloutée, mais on n'y distingue point de poils.

Les pétioles sont longs de trois à quatre pouces, et épais de deux lignes et demie. Les fruits naissent de l'aisselle des pétioles : ils sont globuleux, deux 'à deux, portés sur des pédoncules simples longs d'un pouce, garnis d'une collerette monophylle à quatre ou cinq dents obtuses, inégales. Le fruit, épais de six à huit lignes, est recouvert de quelques poils très-courts, et contient des ovaires nombreux remplis de larves de cynips.

50. FICUS GLUMOSA.

F. ramis apice pilosis; foliis ovatis cordatis, brevissimè acuminatis, junioribus sericeo-pilosis, adultis pubescentibus; gemmarum stipulis subglabris folia densè velutina tegentibus.

Grand arbre, espèce de Figuier appelé GYMEYZ, ce qui est aussi le nom du Sycomore; il croît au Djebel-Mouyl, et produit des figues que l'on mange. (Notes manuscr. de M. *Cailliaud.*)

Rameaux hispides vers leur sommet. Les stipules qui embrassent les bourgeons sont courtes, ovoïdes, presque glabres, et couvrent le rudiment trèsvelouté de la feuille. La forme et la taille des feuilles varient peu : elles ont un disque ovoïde, cordiforme, briévement acuminé, long de trois pouces sur deux et demi de large. Les pétioles sont velus.

51. FICUS INTERMEDIA.

F. foliis subreniformi-cordatis, acuminatis, glabris, longè petiolatis, nervo medio posticè glandulà notato juxta originem petioli.

Feuilles largement échancrées en cœur, acuminées, longues de trois à quatre pouces, larges de trois à trois et demi. Leur nervure moyenne, dorsale, porte à sa jonction avec le pétiole une tache glanduleuse. La longueur des pétioles est de trois à quatre pouces, et ils paraissent d'autant plus longs en proportion du disque de la feuille, que l'échancrure en cœur de la base du disque est plus profonde, variant de six à quatorze lignes.

Ce Figuier ressemble beaucoup au *Ficus religiosa*, dont le pétiole joint aussi la nervure dorsale par une sorte d'intersection ou tache transverse glanduleuse ; mais le *Ficus religiosa* est très-peu cordiforme, tandis que la feuille du *Ficus intermedia* l'est profondément.

FAMILLE DES RUBIACÉES.

52. MUSSÆNDA LUTEOLA. (Pl. I , fig. 1 de la partie botanique; pl. LXII de l'ouvrage.)

M. ramis pubentibus; foliis subsessilibus ovato - lanceolatis acutis, subtùs tomentosis nervosis; corymbórum
ramulis trifloris; calycinis dentibus inæqualibus , quinto
dente interdum foliifero , corollam superante.

Ophiorhiza lanceolata. *Forsk.* (Flor. arab., Descript. pag. 42.)

Manettia lanceolata *Vahl* (Symb. bot. pag. 12.)

Mussænda ægyptiaca : caule villoso , foliis lanceolatis pubescentibus. (Diction. encycl. tom. IV,
pag. 394.)

Arbrisseau croissant à Singué.

Rameaux florifères ligneux, cylindriques, grèles ,
épais seulement comme une plume de pigeon, couverts d'une écorce brunâtre garnie de poils couchés,
nombreux et courts, sur presque toutes les parties
de la plante. Ces rameaux se partagent en bifurcations, dans lesquelles naissent de courtes panicules florales dichotómes. Leurs entrenœuds sont
à-peu-près de même longueur que les feuilles ; ces
dernières sont opposées, ovales-lancéolées, presque
sessiles, aiguës à leur base et à leur sommet, longues
d'un pouce et demi à deux pouces et demi, pâles
en dessous, où les nervures sont saillantes : il y a
des stipules courtes aux deux côtés de chaque nœud
des rameaux, entre les pétioles des feuilles.

Les fleurs sont ternées, l'une d'elles étant axillaire dans l'intervalle de deux autres fleurs dont les pédicelles se fourchent de manière à devenir deux et trois fois dichotômes.

Le calice est supère, adhérent à l'ovaire, à cinq dents subulées, dont une prend quelquefois un accroissement remarquable, qui la change en bractée ovoïde, pétiolée, nerveuse, réticulée, jaunâtre, glabre en dessus et longue comme les fleurs.

La corolle est tubulée, longue d'un pouce, grêle, dilatée en massue au-dessous de son limbe terminal, hypocratériforme, à cinq lobes. Le style est capillaire, long comme le tube de la corolle, et se termine par un stigmate bifide, logé entre les cinq anthères sessiles, étroites, insérées dans le renflement supérieur du tube.

L'ovaire présente deux loges multiovulées.

53. PSYCHOTRIA NUBICA.

P. foliis ellipticis, supernè glabris, basi et apice subacutis, nervis subtùs pubescentibus prominulis; floribus numerosis confertis latè cymosis pubescentibus; stylo longè exserto.

Arbrisseau croissant près de Singué.

Les feuilles opposées, entières, elliptiques, un peu aiguës à chacune de leurs extrémités, longues de trois pouces, sont portées sur de courts pétioles pubescens : leurs nervures saillantes au revers des feuilles sont aussi pubescentes : les rameaux adultes sont glabres; une stipule triangulaire est placée entre les bases des pétioles.

Les fleurs forment une cime terminale, convexe, large de près de quatre pouces, composée de plusieurs rameaux trifides, terminés par des bouquets de trois à six fleurs, à corolle tubulée, pubescente au dehors, longue de cinq lignes et dépassée de trois à quatre lignes par le style.

L'ovaire est infère, pubescent, à deux loges contenant chacune un ovule; il est couronné de cinq dents calicinales obtuses fort courtes. Le style est capillaire, terminé par un stigmate bifide turbiné. Le limbe de la corolle est campanulé, à cinq divisions moitié plus courtes que le tube, pubescentes en-dehors et en dedans.

Les étamines, au nombre de cinq, ont leurs anthères en navette, aiguës à leurs extrémités, versatiles, insérées à l'ouverture du tube; leurs loges sont introrses et blanches.

54. NAUCLEA MICROCEPHALA.

N. foliis lanceolatis verticillatis quaternis; capitulis florum parvulis longè pedunculatis; calyce corollâque pubescentibus minimis.

MECHEKA. Arbrisseau découvert à Singué. (Notes manuscr. de M. *Cailliaud.*)

Rameaux parfaitement glabres, à feuilles lancéolées verticillées quatre à quatre, longues de six à sept pouces, larges de douze à quinze lignes, rétrécies insensiblement en pétiole, séparées par des stipules qui se dessèchent et se détachent en un anneau à quatre dents placées aux intervalles des pétioles : les jeunes feuilles sont luisantes et demi-transparentes.

Les fleurs viennent en têtes sphériques longue-ment pédonculées dans les aisselles des feuilles; un pédoncule plus grêle, mais plus long que les pé-tioles, répond à la base de chaque feuille et porte au-dessus de sa partie moyenne une bractée sèche, caduque, de deux à quatre pièces connées. Les fleurs sont fort petites, environ d'une ligne de longueur, et sont pressées sur un réceptacle sphérique, poilu, garni de paillettes fines, spa-tulées, velues, de même longueur que les fleurs. Le calice est partagé en cinq divisions ovoïdes jusqu'à moitié de sa hauteur. La corolle est pubes-cente à cinq divisions, et égale le calice; elle ren-ferme cinq étamines, et un style terminé par un stigmate glabre, en massue, globuleux.

FAMILLE DES BORRAGINÉES.

55. HELIOTROPIUM PALLENS. (Pl.III, fig. 4 , de la partie botanique; pl. LXIV de l'ouvrage.)

H. caule molli pubescente pallidè virenti; foliis ovatis acutis; spicis prælongis ramosis; fructu glabro reticulato scaberulo. (Species plurimùm affinis Heliotropio europæo ; sed Heliotropium europæum differt omnibus partibus minoribus, et fructu pubescente.)

Touche. Herbe odorante à petites fleurs blanches, découverte à Dongolah. (Notes manuscr. de M. *Cailliaud.*)

Plante herbacée, garnie de poils courts sur toutes ses parties, comme l'*Heliotropium europæum,* auquel elle ressemble beaucoup, et dont elle conserve la couleur vert-jaunâtre étant sèche.

Les rameaux ont la grosseur d'une plume d'oie médiocre; les feuilles sont oblongues, aiguës, longues de deux pouces et demi, rétrécies en pétioles à la base, munies en dessous de nervures saillantes hispides.

Les fleurs viennent en longs épis latéraux, placés dans le milieu de la longueur des entrenœuds; ils se composent de deux branches formées par un pédoncule fourchu, et se divisent en trois à cinq branches, lorsqu'ils sont terminaux.

Les fleurs sont unilatérales, à calice hispide divisé en cinq parties linéaires. La corolle est blanche, tubuleuse, hypocratériforme, longue de trois lignes, à limbe large de deux lignes. Le tube est velu, plus long que le calice, étranglé au-dessus de sa base. Le limbe est à cinq divisions obtuses séparées par autant de plis ou d'angles mousses.

L'ovaire est pyramidal, posé sur un disque un peu saillant en anneau. Le style est en colonne, poilu, et porte un stigmate conique, pelté en dessous, aigu et pubescent au sommet, pressé entre cinq anthères subulées, insérées au milieu du tube. Le fruit consiste en quatre akènes rugueux, ovales, qui, vus à la loupe, sont couverts de petites fossettes en réseau.

C'est principalement par le fruit velu, par les feuilles mousses et par les fleurs plus petites, que l'*Heliotropium europæum* diffère de l'*Heliotropium pallens* découvert en Nubie.

56. ECHIUM RAUWOLFII.

E. caule ramoso erecto; spicis adultioribus virgatis, hispido-muricatis; corollis calyce paulò longioribus; seminibus nitidis lævibus. *Delil.* (Flor. Ægypt. pag. 51, tab. 19, fig. 3.)

KALLEH, en langue du pays, à Dongolah. Plante à fleur rose, garnie de poils piquans : les chameaux la mangent. (Notes manuscr, de M. *Cailliaud.*)

57. CORDIA ?

OUMDRAPÉ, en langue du pays, au Djebel-Mouyl. Arbrisseau qui donne un fruit rouge que l'on mange. (Notes manuscr. de M. *Cailliaud.*)

Feuilles rudes à leur face supérieure, ovales-alongées, obtuses, pétiolées, opposées, longues de trois pouces à trois pouces et demi. Rameaux grêles, ayant l'écorce de couleur fauve-pâle.

FAMILLE DES PALMIERS.

58. PHŒNIX DACTYLIFERA.

P. frondibus pinnatis; foliolis complicatis ensiformibus. *Lin.* (Spec. p. 1638.) — *Desfont.* (atl. tom. II, p. 438.) — *Delil.* (Flor. Ægypt. pag. 169, tab. 62.)

Le Palmier dattier, en français.
Nachl, en arabe, est le nom de l'arbre; et son fruit ou la datte est appelé Balah.

59. CUCIFERA THEBAICA.

Cuciferra thebaica. *Delil.* (Descript. Flor. Ægypt. pag. 1, tab. 1 et 2.)
Palma thebaica dichotoma, &c. *Pocock.* (It. tom. 1, p. 280, tab. 72 et 73, édit. ang. in-fol.)
En arabe le Doum.

FAMILLE DES AMARANTHACÉES.

60. CELOSIA TRIGYNA.

C. foliis ovatis acuminatis planis; caule herbaceo; racemo laxo; bracteis scariosis; pistillo trifido. *Willd.* (Spec. tom. I, pag. 1201.) — *Lin.* (Mant. pag. 212.)

Plante médicamenteuse croissant à Dongolah,

appelée d'un nom collectif *Daouah*, c'est-à-dire, *drogue médicinale*, et dont on mange les feuilles à jeun pour se préserver ou se guérir des maladies des vers. (Notes manuscr. de M. *Cailliaud.*)

61. ÆRUA TOMENTOSA.

ÆRUA TOMENTOSA. *Forsk.* (Descript. pag. 170.) — *Delil.* (Flor. Ægypt. n.° 939.)

Plante tomenteuse, dont les fleurs scarieuses et persistantes forment des grappes blanches sèches et molles qui ressemblent à celles des Amaranthacées en général, et se conservent comme la plupart des fleurs nommées vulgairement immortelles. Cette plante est très-commune en Arabie, où l'on se sert des fleurs comme de bourre ou de duvet pour remplir des coussins de meubles où les garnitures de selles de chevaux ; à Dongolah, en Nubie, et près du Caire, où croît la même plante, on n'en fait point usage.

FAMILLE DES ACANTHACÉES.

62. ACANTHUS POLYSTACHIUS. (Pl. I, fig. 2 de la partie botanique ; pl. LXII de l'ouvrage.)

A. caule frutescente ; spicis paniculatis ; bracteis pectinato-spinosis acutissimis ; corollæ labio grandi, quinquelobo ; staminibus dimidium corollæ vix æquantibus.

Arbrisseau de Singué.

Rameaux cylindriques, presque glabres, un peu

pubescens à leurs nœuds et sur leurs jeunes pousses; quelquefois un peu teints en violet.

Feuilles opposées, sessiles, ovales-lancéolées, aiguës, longues d'un pied à six pouces, grandement dentées et un peu ondulées, dont les nervures principales se terminent en épine à l'extrémité des dents de ces feuilles. La face supérieure des feuilles est un peu rude et luisante; l'inférieure est pâle et pubescente.

Les fleurs viennent en épis terminaux de quatre à six pouces, et qui sortent aussi des feuilles supérieures. L'axe des épis est pubescent; les fleurs sont opposées, sessiles, imbriquées sur quatre rangs.

Les bractées sont ciliées au moyen d'épines grèles; deux de ces bractées sont latérales et subulées; l'inférieure est alongée, convexe en dessous, à cinq nervures.

Le calice est à quatre folioles conniventes par paires; ses folioles latérales sont lancéolées; les deux autres, dont une supérieure et l'autre inférieure, sont onguiformes, élargies à leur base, et varient de forme à leur sommet tantôt prolongé en langue, tantôt un peu tronqué, mais toujours obtus et denticulé; la foliole inférieure est plus courte et binervée, la supérieure plus longue et trinervée; les deux folioles latérales sont étroites et scarieuses à leurs bords.

La corolle est longue de deux pouces, rose-pâle,

rayée de nervures longitudinales, dilatée en une lèvre à cinq lobes arrondis, dont le terminal est plus étroit. Le tube de cette corolle est court, urcéolé, épais, caché dans le calice, et embrasse l'ovaire; il donne naissance intérieurement à un anneau de cils qui interrompent le tube au-dessus de l'ovaire.

Les étamines ont leurs filets glabres, fermes, épais, insérés au même point où un anneau de cils obstrue intérieurement le tube de la corolle. Les deux filets supérieurs sont plus arqués que les deux autres. Les anthères sont en brosse, agglutinées par les faces déhiscentes de leurs loges.

L'ovaire est velu, lancéolé; le style subulé, un peu plus long que les étamines, pubescent à sa base, glabre et fourchu au sommet.

63. RUELLIA NUBICA.

R. ramis fistulosis, glabris, subcylindricis, quadrisulcatis; foliis pellucido-punctatis, bi-tripollicaribus, acuminatis, ovatis, nodis transversim barbulatis; calycibus pilosis; fructibus clavatis, rostratis, pubescentibus.

SOURIP. Plante dont la graine est employée à Sennâr comme médicament. (Notes manuscr. de M. *Cailliaud.*)

Rameaux glabres, fistuleux, dichotômes, à quatre angles obtus, séparés par quatre cannelures. Feuilles entières, ovoïdes, acuminées, longues de deux pouces et demi à trois pouces, larges de quinze à dix-huit lignes, pubescentes sur les nervures à leur face supérieure, quand elles commencent à s'épanouir, presque glabres étant adultes, à l'exception de leur nervure moyenne en dessus et de la cannelure de leur pétiole, où l'on remarque un peu de duvet qui se continue en travers sur les nœuds de manière à joindre deux pétioles opposés. La longueur des pétioles est de quatre à cinq lignes; le disque est criblé de points transparens visibles à la loupe seulement sur les feuilles adultes; il y a de petites aspérités blanches, extrèmement courtes, disséminées à la face supérieure des feuilles et qui ne se découvrent point à la vue simple.

Les fleurs viennent en épis sur lesquels elles sont imbriquées, tournées d'un seul côté, portées sur de courts pédicelles menus solitaires. Le rachis est grèle, long de trois à quatre pouces, anguleux, formé de pièces articulées, pubescentes aux points d'insertion des fleurs: deux très-petites bractées subulées et opposées garnissent les pédicelles. Le calice est à cinq divisions subulées, aiguës, presque égales, velues. La corolle est infundibuliforme, longue de sept lignes, renflée, excepté à sa base, bilabiée en gueule à son ouverture : sa lèvre supérieure est dressée, elle forme un angle droit avec le tube, et consiste en un lobe plié longitudinalement en devant et rejeté en arrière par ses bords : la lèvre inférieure est trilobée; son lobe moyen est le plus grand, droit, veiné, coloré en violet; les lobes latéraux sont rabattus un peu en dessous et en arrière. Le tube est garni intérieurement de quelques poils couchés dans sa partie la plus étroite. Les étamines sont didynames, à filets briévement soudés par paires. L'ovaire est aigu, s'amincissant en un style filiforme, dont le stigmate se termine en une petite tête turbinée, partagée par un sillon transversal.

La capsule, étroite à sa base, renflée en massue, et quelquefois toruleuse à son sommet, se termine en un bec étroit et velu.

FAMILLE DES SOLANÉES.

64. HYOSCYAMUS DATORA.

H. caule villoso; foliis petiolatis ovato-lanceolatis, subdentatis; floribus spicatis. *Forsk.* (Descript. pag. 45.)

HYOSCYAMUS BETÆFOLIUS. *Lippi* (Manusc.) — *Lamarck* (Dict. tom. III, pag. 329.)

HYOSCYAMUS MUTICUS. *Linn.* (Mantiss. 45.)

Plante de l'oasis du Dakhel.

65. PHYSALIS SOMNIFERA.

P. caule fruticoso; ramis rectis; floribus confertis. *Linn.* (Spec. 261.)—*Lamarck* (Dict. tom. II, pag. 99.) — *Desfont.* (Atl. tom. I, pag. 192.) — *Delil.* (Flor. Ægypt. n.° 246.)

AFNOU. Plante sans odeur, croissant à Dongolah. (Notes manuscr. de M. *Cailliaud.*)

Cette plante est du petit nombre de celles auxquelles les animaux ne touchent pas. Elle ne croît pas comme la précédente dans les déserts écartés , mais dans le voisinage des terres cultivées et dans les champs abandonnés. Elle est narcotique , comme son nom spécifique le fait connaître. Elle habite les régions australes de l'Europe, le Levant, l'Égypte, l'Arabie. Forskal (*Descript.* pag. 88) l'a comprise dans une liste de vingt plantes qu'il a désignées comme mauvaises et dangereuses , dans l'esquisse d'une Flore économique d'Arabie. C'est de cette plante que Pline (*Hist. nat.* lib. XXI , cap. 31) a parlé sous le nom de *Strychnos* , comme d'un poison connu en Grèce et en Égypte.

FAMILLE DES SÉSAMÉES.

66. SESAMUM ORIENTALE.

S. foliis ovato-oblongis , integris. *Lin.* (Spec. pl. 883.) — *Lamarck* (Dict encycl. tom. VII , pag. 184.)

Le Sésame est une graine huileuse, de la forme et de la grosseur à-peu-près d'un pépin de raisin , mais moitié plus mince. On mange cette graine torréfiée; on en consomme l'huile, et le marc qui en est le résidu.

67. ROGERIA ADENOPHYLLA. (Pl. II, fig. 3, de la partie botanique; pl. LXIII de l'ouvrage.)

ROGERIA. *Gay* (Monographie inédite des Bignoniacées. Mém. lu à la société d'hist. nat. de Paris, inséré par extrait dans les *Annales des sciences naturelles*, t. I, pag. 457.)

Character. gen. Corolla ringens, tubulosa, imâ basi supernè sulcata. Stamina didynama. Capsula pseudo-4-6-locularis, rostrata, irregularis, muricato-spinosa, extrorsùm gibba, semi-loculis duobus majoribus 10-20-spermis, intror.sùm contracta semi-loculis duobus minoribus 1-2-spermis.

Descriptio. Calyx urceolatus, quinquefidus, minimus; corolla infundibuliformis, tubo elongato, ore bilabiato, labio superiori longiori bilobo, inferiori trilobo. Filamenta quatuor inclusa, fundo corollæ adnata; duo superiora breviora separata rudimento filamenti quinti intermedii suprà basim tubi saccatam inserto; filamenta duo lateralia longiora; antheræ didymæ conniventes, loculis ovatis propendentibus, loculo altero demissiùs affixo. Stylus filiformis longitudine staminum; stigma bi-trilamellatum. Capsula bitrivalvis, rostri bi-trifidi dehiscentiâ semi-loculos majores aperiens; latere altero semi-loculos minores contrahens; valvulæ medio septiferæ : septum ex his axim fructus petit et marginibus productis ad suturas laterales valvarum vergit, unde semi-loculi è trophospermio constituuntur et capsula tota pseudo-quadrilocularis evadit. Semina imbricata, pendula, sacculo accessorio inclusa. Sacculus (Arillus Gærtn.) triqueter subovatus niger, foveolis plurimis impressus, punctis diaphanis fenestratus, in tres partes dehiscens.

Caulis herbaceus, obtusè tetragonus. Folia petiolata, opposita; disco subrhomboidali dilatato trinervi lobato subtùs glaucescente, margine sinuato. Flores terni axillares, oppositi. Pedicelli exteriores glandulis duabus stipati. Capsula apice pugioniformi truncato terminata.

Planta, toto habitu et affinitate partium, Pedalii congener. Specimina quædam africano-occidentalia à cl. Lepricur, è prov. Senegalensi missa, exhibent folia subtùs pruinoso-glandulosa; dùm specimina cl. Cailliaudii absque pruinâ glaucescunt.

ROGERIA ADENOPHYLLA. *Gay* (loc. cit.)

KOCHOKOCHOU. Plante croissant au mont Mouyl.
GRENNET. Herbe à Dongolah. (Notes manuscr. de
M. *Cailliaud.*)

Tige droite, glabre, obtusément tétragone,
remplie d'une moelle blanche, garnie de feuilles
opposées en croix, pétiolées. Disque des feuilles
trinervé, trilobé, un peu deltoïde, long et large de
deux pouces, glauque en dessous, un peu sinueux,
bordé de quelques dents subulées écartées. Pétioles
de même longueur que le disque; nervures saillantes au revers des feuilles.

Fleurs opposées trois à trois, presque sessiles dans
les aisselles des feuilles, les pédicelles extérieurs
étant placés entre deux glandes noirâtres. Le calice
est très-petit, en godet, déprimé, persistant, à cinq
dents qui s'oblitèrent.

La corolle est tubuleuse, en gueule, infundibuliforme, longue de quinze à vingt lignes; les deux
lobes de la lèvre supérieure sont les plus saillans ;
les trois autres plus courts appartiennent à la lèvre
inférieure. Les lobes et l'orifice de la corolle sont
d'une belle couleur violette. Les boutons de fleurs,
les calices et les jeunes pousses sont couverts d'une
matière pulvérulente, grenue, très-fine. Le tube
est renflé en bourse à sa base ; c'est à ce renflement que correspond intérieurement le rudiment d'une cinquième étamine avortée. Quatre
étamines didynames ont leurs filets adnés latérale-

ment au fond du tube, légèrement velus et arqués à leur base. Les anthères sont épaisses, biloculaires; leurs loges étant attachées par une portion de leur côté interne, de manière que l'une dépasse l'autre en dessus, tandis que cette autre descend davantage.

Le style est filiforme, de la longueur du tube de la corolle, et terminé en ovaire pyramidal; le stigmate est fendu en deux ou trois lames qui se fanent et s'oblitèrent après l'épanouissement de la fleur.

Le fruit est une capsule coriace, ovoïde, inégale, à cinq ou six épines à son contour, mucronée, épaissie en bosse sur son côté externe. Cette capsule s'ouvre incomplètement en deux valves, très-rarement en trois. Elle est à quatre ou six loges incomplètes dont deux demi-loges monospermes, closes, indéhiscentes, placées du côté le plus étroit de la capsule et tournées vers la tige de la plante. Deux portions de loge polysperme occupent le côté renflé de la capsule; elles ne sont partagées qu'inférieurement par une cloison propre et communiquent l'une avec l'autre supérieurement.

Les cloisons formées par l'endocarpe naissent longitudinalement de la concavité de chaque valve et se joignent vers l'axe du fruit; elles y fournissent des replis dirigés vers les sutures des valves. Ces replis sont de vrais placentas ou trophospermes qui pénètrent dans la suture des valves, mais qui ne s'y confondent pas par continuité de tissu. Les graines sont descendantes, au nombre de huit à dix dans chacune des demi-loges qui occupent le côté renflé du fruit, et seulement au nombre d'une ou deux dans chacune des demi-loges opposées très-petites; elles sont imbriquées, noires, ovoïdes-tronquées, triquètres, et doivent cette forme à une enveloppe accessoire qui se fend en trois parties par les angles. Cette enveloppe est une membrane sèche, ponctuée de fossettes qui, vues à la loupe, sont criblées de trous concentriques. La graine, dépouillée de son enveloppe accessoire, est pyriforme, comprimée, brunâtre; elle consiste en un endosperme assez mince né de la tunique propre brune et adhérente de cette graine. L'embryon est droit dans l'endosperme, dont il suit la direction longitudinale. Sa radicule est tournée vers le hile.

Cette plante, découverte par M. Cailliaud en Nubie, a été aussi trouvée au Sénégal et transmise à M. Gay, qui en a constitué un genre nouveau, dédié à M. Roger, gouverneur du Sénégal, et protecteur de l'histoire naturelle dans cette contrée. C'est sur de nouveaux échantillons envoyés du même pays à M. B. Delessert, par M. Leprieur, pharmacien de la marine, que nous avons comparé la plante du Sénégal à celle de Nubie. Nous avons conservé le nom générique proposé par M. Gay, pour ne pas donner à la hâte un nouveau nom à une plante déjà publiée. Nous pensons que le *Rogeria* ne repose pas sur des différences suffisantes pour établir un genre distinct du *Pedalium*.

FAMILLE DES CAPPARIDÉES.

68. CLEOME PENTAPHYLLA.

C. floribus gynandris; foliis quinatis; caule inermi. *Lin.* (Spec. 938.) — *Lamarck* (Dict. encycl. tom IV, p. 317, n.º 2.) — *Delil.* (Flor. Ægypt. n.º 614.)

TAMALAK. Herbe cultivée que les Arabes mangent à Dongolah. (Notes manuscr. de M. *Cailliaud.*)

69. CLEOME DROSERIFOLIA.

C. caule suffruticoso, hispido; foliis bituminosis orbiculatis trinerviis; floribus tetrandris. *Delil.* (Flor. Ægypt. p. 106, tab. 36, fig. 2.)

RORIDULA. *Forsk.* (Descript. pag. 35.)

RIHH EL-BARD. Petit sous-arbrisseau du désert de Syouah. (Notes manuscr. de M. *Cailliaud.*)

FAMILLE DES TILIACÉES.

70. GREWIA ECHINULATA.

G. foliis sub-orbiculatis cordatis; pedunculis extra-axillaribus : fructibus umbellulatis globosis depressis, verrucoso-hispidis, ossiculos quaternos conniventes, trispermos includentibus.

TAMAR-HENDI EL-ABYD. Arbre du Djébel-Mouyl. (Notes manuscr. de M. *Cailliaud.*)

Les jeunes rameaux de cet arbre sont tout-à-fait poilus. Le bois de l'année précédente est couvert d'une écorce glabre un peu ridée, pointillée de quelques tubercules ou glandes sèches éparses.

Les feuilles sont presque orbiculaires, cordiformes, un peu dentées ou rongées sur les bords, à cinq nervures principales. Les poils des rameaux et des pétioles sont fasciculés; ceux implantés au revers des feuilles où ils garnissent les nervures saillantes réticulées, sont étoilés. Les pétioles sont longs de deux pouces, et les feuilles ont trois à quatre pouces de diamètre.

Les fruits sont rassemblés au nombre de trois à quatre en grappes ou petites ombelles solitaires opposées aux feuilles. Le pédoncule commun de la grappe est court, plus gros que le pétiole des feuilles, cylindrique et recourbé. Chaque fruit est ensuite très-briévement pédicellé.

Le fruit est un drupe sphérique déprimé, devenant faiblement quadrilatère ou à quatre lobes peu distincts par la dessiccation, ombiliqué en dessous, large de six lignes, dont l'épicarpe friable et mince est hispide, couvert de papilles qui se terminent chacune par deux ou trois poils en faisceau. Cet épicarpe recouvre un peu de pulpe acidule sucrée qui unit quatre noyaux anguleux et aplatis par leurs faces contiguës, placés en croix vers l'axe du fruit, convexes, sculptés par des enfoncemens inégaux sur leur face extérieure. Chaque noyau est indéhiscent, à trois loges horizontales aplaties. Les graines sont obovoïdes, un peu lenticulaires, aiguës vers leur extrémité interne où est situé le hile. Trois tuniques les recouvrent et sont marquées vers le sommet extérieur arrondi de la graine par une chalaze brune. La tunique extérieure est blanche et friable. La tunique sous-jacente est plus dense, un peu cornée, couleur de rouille, et la chalaze y est noirâtre. La troisième tunique adhérente est à l'endosperme et couleur de rouille.

L'embryon est couché à plat dans la substance de l'endosperme; il est composé de deux cotylédons presque orbiculaires, plats, légèrement verdâtres et marqués de plusieurs nervures. La radicule est courte cylindrique et regarde l'axe du fruit.

71. XEROPETALUM QUINQUESETUM.

Character. gen. Calyx quinquefidus. Petala quinque cum calyce et genitalibus persistentia, nervosa, obovata, emarginata, obliquata. Staminum filamenta viginti aut circiter, quorum quinque longiora castrata. Capsula trilocularis trivalvis. Flores paniculato-racemosi, in umbellas bi-quadriradiatas digesti.

Descript. Caylx quinquefidus, sub-rotatus, basi campanulatus.

Petala quinque cuneata, oblonga, apice obliquo truncato emarginata, persistentia, nervosa.

Staminum filamenta viginti, basi coalita; horum quinque longiora castrata filiformia, apice incurva, è margine longiori cujusque petali orta. Antheræ 12-15, lineari-angustæ, filamentis breviusculis insertæ, terminales; filamenta ista bina terna-ve sterilibus interposita.

Germen globosum tomentosum, superum, triloculare, loculis bi-ovulatis. Stigmata duo seu tria, filiformia, pubescentia, apice spiraliter reflexa, basi in stylum brevem coeuntia.

Capsula (germen fœcundatùm cum seminibus nondum perfectis) in valvulas tres medio septiferas dehiscens. Ovula plurima abortiva, duobus tantum intumescentibus fœcundatis; indè capsula disperma, interdùm bilocularis, loculo tertio obliterato, more stigmatis tertii sæpè deficientis.

Flores diametro pollicari, pedicellati, umbellati, racemosi, dispositi in paniculas bi-tripollicares, absque foliis collectas. Rami paniculæ primarii, pauci, alterni, glabri; secundarii umbellati, bi-trifidi, desinentes in pedicellos duos vel quatuor umbellatos. Gemmulæ florales nonnullæ rudimentariæ, tomentosæ, pedicellis interjectæ.

Arbor aut frutex. Flos tiliaceus, peculiare genus constituens, corollâ persistente et filamentis elongatis quinque castratis à Grewiâ et affinibus discrepans.

Arbre ou arbrisseau dont nous ne connaissons que les fleurs recueillies sans feuilles, qui probablement ne paraissent pas dans le même temps. Ces fleurs viennent en grappes de deux à trois pouces, dont les rameaux primitivement alternes se partagent en ombelles bifides ou trifides et en ombelles terminales de trois à quatre fleurs pédicellées. Toutes les parties de la fleur sont persistantes. Le calice est quinquefide, étalé. La corolle est à cinq pétales oblongs, cunéiformes, obliquement tronqués, et émarginés au sommet. Les étamines sont au nombre de vingt; il n'y a que quinze filamens fertiles, les cinq autres plus longs n'ont point d'anthères; les uns et les autres sont soudés par la base en anneau sous l'ovaire. Trois filets courts anthérifères alternent avec les filets stériles qui sont adnés près du plus long des deux bords de chaque pétale. Les anthères sont terminales, linéaires, à deux loges. L'ovaire est sphérique, cotonneux et porte un style court, partagé en deux ou trois stigmates filiformes pubescens, recourbés en spirale. L'ovaire est à trois loges et contient six ovules. Cet ovaire, pris sur une fleur où il était un peu plus développé que dans les autres, s'est séparé par la pression en trois valves septifères sur leur milieu, dont chacune renfermait deux ovules ascendans, attachés latéralement à l'un et à l'autre côté de la base de chaque cloison. Deux de ces ovules seulement étaient fécondés et épais ; ce qui fait voir que la capsule était destinée à contenir à maturité deux semences.

Les filets staminifères fertiles sont quelquefois réduits à douze au lieu de quinze.

L'un des stigmates et une des loges de l'ovaire sont sujets à manquer ; et un des deux ovules de chaque loge, ou les deux ovules d'une ou de deux loges, avortent, de manière à réduire le fruit à une ou deux graines.

FAMILLE DES RUTACÉES.

72. TRIBULUS TERRESTRIS.

F. foliis sexjugatis subæqualibus; seminibus quadricornibus. *Lin.* (Spec. 554.) —*Delil.* (Flor. Ægypt. n.° 437.)

ADERASSA (*arabe*). Plante herbacée, à tiges couchées, à fruits épineux, et que les chameaux mangent à Sennâr. (Notes manuscr. de M. *Cailliaud.*)

73. ZYGOPHYLLUM COCCINEUM.

Z. foliis petiolatis; foliolis linearibus carnosis. *Lin.*
(Spec. pag. 551.) — *Lamarck* (Dict. tom. II, p. 441.)—
Delil. (Flor. Ægypt. n.ᵘ 429.)

BOUBEL. Plante à feuilles charnues, croissant sur le
chemin de Rayân à Syouah. (Notes manuscr. de
M. *Cailliaud.*)

C'est un sous-arbrisseau des déserts, qui croît
principalement là où un certain degré de salure
rend le sol et l'air assez hygrométriques, malgré le
défaut de pluie, pour suffire à la végétation de
quelques plantes charnues et amères : celle-ci n'est
mangée par aucun animal. Sa fleur est blanche; son
fruit est rouge, globuleux, pulpeux, comme l'a
décrit Forskal, page 87. Ce fruit, desséché, se
réduit à une capsule mince cylindrique à cinq côtes;
en cet état nous l'avons quelquefois vu chez les
droguistes du Caire qui le vendent comme épice,
sa graine étant aromatique.

Suivant Shaw (*Specim. phyt. Afr.* n.° 231),
cette plante, en Barbarie, aurait la fleur rouge.

FAMILLE DES TAMARISCINÉES.

74. TAMARIX AFRICANA.

T. foliis imbricatis minimis; floribus pentandris; spicâ tereti densissimâ; pedunculis squamosis; stylo trifido. *Desfont.* (Atl. tom. I, pag. 269.)

Tarfé (*arabe*). Arbres *Tamarix* qui croissent aux oasis. (Notes manuscr. de M. *Cailliaud.*)

75. TAMARIX ORIENTALIS.

T. floribus pentandris; ramis ramulisque articulatis; vaginis cylindricis, in squamam acuminatis. *Gmel.* (Syst. nat. tom. I, pag. 499.) — *Forsk.* (Descript. pag. 206.) — *Delil.* (Flor. Ægypt. illustr. n.° 351.)

Tamarix articulata. *Vahl* (Symb. bot. tom. II, p. 48. tab. 32.) — *Lamarck* (Dict. tom. VII, page 564.)

El.-Atleh (*arabe*). Grande espèce de Tamarix. (Notes manuscr. de M. *Cailliaud.*)

FAMILLE DES RHAMNÉES.

76. ZIZIPHUS SPINA CHRISTI.

Z. caule arboreo; aculeis geminis, altero recurvo; foliis ovatis, crenulatis, glabris; fructibus oblongis, pedicellatis. *Desf.* (Atl. tom. I, pag. 201.) — *Lamarck* (Dict. tom. III, pag. 320.) — *Willd.* (Spec. tom. I, pag. 1105.) — *Delil.* (Flor. Ægypt. n.° 264.)

Rhamnus spina christi. *Lin.* (Spec. pag. 282.) — *Hasselq.* (Iter. pag. 523.)

Nebka et Nebakeh (*arabe*); Kor des païens. Arbre très-commun en Nubie et pays environnans. A Dongolah, on s'en sert pour laver les corps que l'on ensevelit. (Notes manuscr. de M. *Cailliaud.*)

77. ZIZIPHUS PARVIFOLIA.

Z. aculeis geminis, altero longiore recurvo; foliis integerrimis, breviter petiolatis, ovatis, acutis.

GARDEL (*arabe.*) Arbrisseau au Dakhel. (Notes manuscr. de M. *Cailliaud.*)

Rameaux terminaux cylindriques, plus grêles qu'une plume de corbeau, munis d'aiguillons stipulaires geminés inégaux, dont le plus alongé est de deux lignes, un peu recourbé. Feuilles ovales, aiguës, très-entières, longues de quatre à cinq lignes. Pétiole court d'une demi-ligne.

FAMILLE DES EUPHORBIACÉES.

78. RICINUS MEGALOSPERMUS.

R. folio prægrandi; petiolo apice sub origine disci glandulifero; glandulis pariter 2-3 aggregatis petiolum utrinque stipantibus juxta cicatricem stipulæ deciduæ; capsulis echinatis nucem Juglandis æquantibus.

KHEROUEH. Gros ricin dont on fait de l'huile dans la province de Qamâmyl, (Notes manuscr. de M. *Cailliaud.*)

79. CROTON PLICATUM.

C. foliis ovatis plicatis crenatis hirsutis; caule herbaceo. *Vahl* (Symb. bot. I, pag. 78.) — *Delil.* (Flor. Ægypt. n.º 902.)

AL-TENOUN. Plante que les chameaux mangent à Dongolah. (Notes manuscr. de M. *Cailliaud.*)

FAMILLE DES DIOSCORÉES.

80. DIOSCOREA ?

EL-GAÏTH ou TAY (*arabe*). Racine aussi grosse qu'une forte betterave, blanche et farineuse étant cuite, très-bonne à manger, se rapprochant beaucoup des meilleures pommes de terre. (Notes manuscr. de M. *Cailliaud.*)

FAMILLE DES AMOMÉES.

81. AMOMUM ZINGIBER.

A. scapo nudo; spicá ovatá. *Lin.* (Spec. tom. I.) — *Forsk.* (Flor. Arab. n.º 4.) — *Lamarck* (Dict. t. I, p. 133.)

GUINABY (*arabe*); ZYMBANÉ, en langue païenne. Le *Gingembre*, plante qui n'a guère qu'un pied de haut, à racine aromatique, rare à Qamâmyl, et qui vient principalement d'Abyssinie. (Notes manuscr. de M. *Cailliaud.*)

FAMILLE DES HYDROCHARIDÉES.

82. PISTIA STRATIOTES.

P. foliis obcordatis. *Lin.* (Spec. pag. 1365.) — *Lamarck* (Dict. tom. V, pag. 353.) — *Delil.* (Flor. Ægypt. n.º 630.)

STRATIOTES. *Prosp. Alpin.* (Ægypt. pag. 106.) — *Vesling.* (Ægypt. pag. 44.)

Plante flottante sur le Nil, à Sennâr. (Notes manuscr. de M. *Cailliaud.*)

C'est une plante singulière, qui a les feuilles molles, celluleuses, cunéiformes ou obcordées, étalées en rosette, soutenues par des racines très-chevelues, plongées dans l'eau où elles flottent avec les feuilles qui surnagent. Prosper Alpin et Vesling, l'un en 1580, et l'autre en 1626, trouvèrent cette plante à Damiette. Nous l'avons trouvée une seule fois sur le canal de Mansourah, pendant le temps de l'expédition d'Égypte. Nous voyons évidemment, depuis qu'elle a été observée à Sennâr par M. Cailliaud, que c'est une production du haut Nil, qui, comme diverses autres, a suivi le cours des eaux pour se naturaliser jusque dans la basse Égypte.

Les Grecs ne connaissaient cette plante qu'en Égypte ; et d'après l'autorité des Égyptiens, leurs premiers maîtres dans les sciences, ils la vantaient comme un puissant remède pour les blessures et les érysipèles. Cette plante est tout-à-fait inusitée depuis Dioscoride et Galien. Il paraît que la crédulité porta à faire regarder comme très-rafraîchissant le *Pistia Stratiotes,* qui croissait sur les eaux. Il était employé, dit *Pline,* avec le vinaigre ; genre de répercussif d'une efficacité bien constatée, et qui est demeuré d'un usage journalier.

Le *Pistia* croît non-seulement en Afrique, mais en Amérique et dans l'Inde.

FAMILLE DES ELÉAGNÉES.

83. TERMINALIA PSIDIIFOLIA.

T. foliis obovatis, oblongis, acutis, basi subcordatis, oppositis aut terno-verticillatis; fructibus ovatis, acutis, angulis quatuor æqualibus carinatis.

AMEBECH. Grand arbre qui croît à Qamâmyl, dont la feuille a quelque ressemblance avec celle du Laurier (*Laurus nobilis*), et qui porte des fruits aigus, à quatre angles, jaunâtres à maturité, dont la graine est enduite de mucilage. (Notes manuscr. de M. *Cailliaud.*)

L'épiderme du rameau que nous possédons de cet arbre est naturellement soulevé et brisé en quelques parties par lames minces de couleur terreuse. Les feuilles sont rapprochées les unes des autres, opposées, ou verticillées trois à trois, obovales, alongées, aiguës au sommet, un peu cordiformes à la base, longues de deux à trois pouces, soutenues sur des pétioles pubescens longs de trois lignes. La côte moyenne des feuilles est pubescente en dessous et jaunâtre ; les nervures latérales sont pâles, beaucoup plus fines, et glabres comme le reste de la feuille ; les fruits sont des drupes pendans, longs de quinze lignes, réunis de deux à trois en grappes courtes.

Ces drupes sont coriaces, fibreux, ovoïdes, presque sans pulpe ou substance médulleuse; ils sont ovoïdes, aigus aux deux extrémités, cannelés à quatre faces profondes et séparées par quatre crêtes ou ailes tranchantes membraneuses; ils contiennent une amande verticale à quatre sillons et à quatre côtes demi-cylindriques, dont les cotylédons sont diversement contournés et couverts d'une membrane rouge-foncé, qui s'enferme dans leurs replis, et qui, ramollie dans l'eau, se couvre d'un mucilage transparent. L'amande est attachée par son extrémité supérieure, qui est très-aiguë au sommet de la cavité du fruit.

FAMILLE DES NYCTAGINÉES.

84. BOERHAAVIA REPENS.

B. caule prostrato glabro; foliis ovatis subrepandis, apice mucronulatis, paginâ inferiore cinereis; calycibus papillosis. *Delil.* (Flor. Ægypt. pag. 2, tab. 3.)

BOERHAAVIA REPENS. *Lin.*

Plante herbacée à longues tiges couchées, étalées, croissant en Nubie. (Not. manusc. de M. *Cailliaud.*)

FAMILLE DES LABIÉES.

85. PHLOMIS NEPETIFOLIA.

P. foliis ovatis; calycibus decagonis septemdentatis, inæqualibus. *Lin.* (Spec. pag. 820.) — *Lamarck* (Dict. tom. V, pag. 278.)

Plante recueillie à Sennâr. (Notes manuscr. de M. *Cailliaud.*) Elle ne diffère du *Phlomis nepetifolia*, cultivé dans les jardins de botanique, que par la couleur plus pâle de la corolle.

FAMILLE DES SAPINDACÉES.

86. CARDIOSPERMUM HALICACABUM.

C. foliis lævibus. *Lin.* (Spec. pag. 525.) — *Lamarck* (Dict. tom. II, pag. 107.)—*Forsk.* (Flor. Arab. n.º 262.) —*Delil.* (Flor. Ægypt. n.º 413.)

Taftaf. Espèce de liane, à Dongolah, que les chameaux mangent, et qui est remarquable par une petite fleur blanche sans odeur. (Notes manuscr. de M. *Cailliaud.*)

Les Égyptiens et les Arabes, peu soigneux de la culture des plantes d'agrément, n'ont point dédaigné celle-ci, qui est sauvage en Nubie et dans l'Yémen. On la trouve dans les jardins au Caire ; on en fait des bouquets et des couronnes dans l'Arabie. On sera ainsi moins surpris que cette plante, peu élégante, soit répandue dans les jardins en Europe, où l'on aime beaucoup la variété ; mais ce qui pique la curiosité dans cette plante, c'est une tache ou cicatrice blanche parfaitement dessinée en cœur sur la graine, qui est une petite boule noire.

FAMILLE DES AURANTIACÉES?

87. BALANITES ÆGYPTIACA.

B. ramis cinereis; foliis conjugatis, ellipticis; spinis supra-axillaribus ; drupâ ovato-oblongâ, nuce pentagonâ monospermâ. *Delil.* (Flor. Ægypt. pag. 77, tab. 28.)

El-Heglyg (*arabe*).

Eɪ-Aɪɢʟaɪᴛ (*arabe*); ᴇʟ-Kᴀ, en langue des païens. (Notes manuscr. de M. *Cailliaud.*)

Arbre d'une taille médiocre, toujours vert, qui a des branches effilées, garnies de longues épines vertes comme ses feuilles et ses rameaux, et non blanches et desséchées comme celles des Acacias. Son fruit a la forme d'une datte; il renferme un fort gros noyau à cinq côtes, sur lequel il y a peu de chair et que recouvre la peau sèche et durcie du fruit à maturité. Il est doux, la chair en est visqueuse ; il a une amertume particulière qui n'est pas désagréable. Il est très-commun au pays de Fazoql et dans le sud depuis Sennâr. Les personnes de l'expédition en firent de l'eau-de-vie. M. Cailliaud ajoute que cet arbre est le même qu'il avait vu sur les rives de la mer Rouge, où les Arabes nommaient son fruit la *datte du désert.* (Extrait du manuscr. de M. *Cailliaud.*)

Cet arbre, dont on trouve l'histoire détaillée dans la Flore d'Égypte, est le *Léback* des écrivains orientaux, et le *Heglyg* (nom souvent défiguré) de plusieurs voyageurs d'Afrique, arbre que je crois avoir été le *Persea* de Plutarque, Théophraste, Pline et Strabon.

FAMILLE DES SARMENTACÉES.

88. CISSUS?

A Dongolah et à Chaykye, il croît au pied des arbustes une glante grimpante très-branchue, verte, pliante; ses rameaux sont à quatre angles tranchans, et creusés à quatre faces. Cette plante porte de petites fleurs roses. (Notes manuscr. de M. *Cailliaud.*)

FAMILLE DES ANONACÉES.

89. ANONA ?

Arbre ou arbuste du mont Aqarô.

Feuilles glabres, sans stipules, ovales-lancéolées, longues de quatre à cinq pouces, larges de dix-huit à vingt lignes, dé la consistance de celles du Laurier [*Laurus nobilis*], unies, ayant leurs nervures latérales très-fines ; leur côte moyenne est demi-cylindrique, saillante en dessous, pâle ; les pétioles n'ont que deux à trois lignes de long. Une pointe ou feuille rudimentaire, subulée, un peu soyeuse, rousse, termine les axes foliifères ou rameaux. Un pédicelle solitaire de fructification avortée, se trouve dans l'aisselle de chaque feuille, et paraît y persister après la chute de la fleur qu'il a fournie ; ce pédicelle est court d'une ligne, un peu formé au sommet, en un bourrelet qui fait à peine saillie au-dessous de la terminaison demi-sphérique peu marquée de ce pédicelle.

Une portion coriace et ligneuse de péricarpe, sur un très-court pédicelle du rameau que nous examinons, indique un fruit qui devient volumineux en comparaison des pédicelles de fructification caduque, les uns naissans, les autres anciens et avortés, que nous avons décrits sur le même rameau.

FAMILLE DES RENONCULACÉES.

90. NIGELLA SATIVA.

N. pistillis quinis; capsulis muricatis subrotundis; foliis subpilosis. *Lin.* (Spec. p. 753.) — *Lamarck* (Dict. tom. IV, pag. 87.) — *Delil.* (Flor. Ægypt. n.º 517.)

Habbah soudeh, graine aromatique.

FAMILLE DES SAXIFRAGÉES?

91. BISTELLA GEMINIFLORA. (Pl. II, fig. 2 de la partie botanique; pl. LXIII de l'ouvrage.)

Charact. gen. Calyx adhærens, limbo quinquedentato. Corolla quinquepetala. Stamina quinque. Styli duo divergentes, imâ basi coeuntes. Capsula globosa genitalibus cum corollâ et calyce persistentibus coronata, pervia poro centrali inter styles hiante. Trophospermium è disco floris sub basi stylorum pendulum bilamellatum, lamellis conniventibus semi-ovatis extrorsùm convexis.—Herba villis brevibus glandulosis obsita. Folia ovata sessilia opposita. Rami alterni. Pedicelli biflori aut flores geminati subsessiles in axillis foliorum.

Al Soufera, herbe, à Dongolah. (Notes manuscr. de M. *Cailliaud.*)

Toute cette plante est garnie de poils courts et glutineux ; elle produit beaucoup de rameaux alternes, cylindriques, grèles, noueux ou articulés comme ceux de plusieurs caryophyllées. Ses feuilles sont ovales, sessiles, molles, plus courtes que les entre-nœuds ; elle pousse de petites fleurs géminées sur une base ou pétiole commun, très-court, qui sort de l'aisselle d'une feuille. Ces pédoncules biflores alternent de l'un et de l'autre côté des rameaux, étant solitaires à l'aisselle d'une des deux feuilles d'un nœud, et placés ensuite au-dessus d'un premier nœud dans l'aisselle de la feuille opposée à celle qui inférieurement est florifère. Le calice est persistant, globuleux et forme l'écorce de l'ovaire et du fruit ; son limbe est à cinq dents aiguës ; les pétales sont au nombre de cinq, obovoïdes, un peu acuminés, persistans. Les étamines sont alternes avec les pétales, et opposées aux divisions du calice ; leurs filets sont poilus, de la longueur des pétales, insérés comme eux autour d'un disque qui forme le plateau supérieur de l'ovaire et de la capsule. Les styles sont subulés, au nombre de deux, terminés en tête. La fleur persiste sur l'ovaire qui devient une capsule globuleuse un peu moins grosse qu'un grain de poivre. Cette capsule s'ouvre par un trou entre les deux styles qui s'écartent; elle est uniloculaire, remplie de graines très-petites (un tiers de millimètre), attachées à un double trophosperme formé de deux appendices demi-ovoïdes, connivens et pendans au-dessous des styles.

FAMILLE DES FICOÏDES.

92. NITRARIA TRIDENTATA.

N. ramis spinosis; foliis truncatis cuneiformibus. *Desf.* (Flor. Atl. tom. I, pag. 372.) — *Delil.* (Flor. Ægypt. n.° 457.)

GARDEL, arbuste qui croît à Rayân. (Notes manuscr. de M. *Cailliaud.*)

FAMILLE DES TÉRÉBINTHACÉES.

93. AMYRIS PAPYRIFERA.

A. trunco arboreo, tunicato laminis corticalibus subdiaphanis nec fibrosis, membranam quasi pergamenam scriptoriam fingentibus; floribus racemoso-paniculatis, decandris.

KAFAL, en arabe, au pays de Fâzoql; GALGALAAN, en langue des païens; LOBAN-ADAN-COULÂN, à Sennâr.

Grand arbre, très-commun au pays de Bertât, formant quelquefois des bois entiers; il ne devient point fort gros, quoique très-haut. Il est très-branchu, sans épines; ses graines sont noires; il

perd ses feuilles en hiver; ses fleurs sont roses, peu
odorantes, en grappes pyramidales lâches. L'écorce
du tronc se soulève en plusieurs feuillets minces
comme du papier, et qui servent aux Musulmans
pour écrire les légendes mystérieuses qu'ils portent
au bras. Le tronc est tacheté de rose pâle, de vert
pomme et de jaune pâle, par plaques. (Notes
manuscr. de M. *Cailliaud.*)

FAMILLE DES CÉLASTRINÉES.

94. CELASTRUS DECOLOR. (Pl. III, fig. 6 de la partie botanique; pl. LXIV de l'ouvrage.)

C. foliis obovato-oblongis serrulatis, exsiccatione griseis
decoloratis; pedunculis axillaribus petiolo tenuioribus,
subumbellatis.

Arbrisseau croissant à Sennâr.

Cet arbrisseau appartient à la section des *Celastrus* sans épines et à feuilles dentées. Ses jeunes
rameaux sont lisses et les anciens fendillés; les
feuilles sont ovales-oblongues, brièvement pétiolées, longues de deux pouces à deux pouces et
demi, larges de six à douze lignes, finement
dentées en scie, à dents couchées, terminées chacune par une glande. Les feuilles sont ordinairement plutôt obovales qu'ovales; elles se rétrécissent
en lance par leurs bords décurrens et non dentés
vers le pétiole.

Les fruits forment de très-petites grappes solitaires, axillaires, qui ressemblent beaucoup à des ombelles; mais on reconnaît aisément que les pédicelles de ces fruits, au nombre de quatre à six sur chaque grappe, naissent deux par deux, ou trois par trois, de points noueux distincts, quoique si rapprochés qu'ils semblent se confondre.

La capsule est accompagnée du calice très-petit, persistant, à cinq dents; elle est obovoïde, un peu turbinée, à trois ou quatre angles mousses, épaisse d'environ trois lignes; elle se compose de deux loges et de deux valves, dont chacune emporte moitié de la cloison qu'elles complettent à elles deux avant de s'ouvrir. Il y a dans cette capsule quatre graines montantes, dont l'insertion a lieu en bas et au côté de la demi-cloison propre à chaque valve. Un arille brun, charnu, sinueux sur le bord, enveloppe à demi et en manière de cupule chaque graine, qui, par son sommet est directement en contact avec la paroi interne de la capsule.

Toutes les parties de cet arbuste sont glabres; ses feuilles séchées sont pâles, leur épiderme devient opaque et grisâtre; il couvre un parenchyme brunâtre, assez épais; la côte moyenne des feuilles est leur seule nervure fort saillante en dessous : elle est demi-cylindrique, et souvent teinte en rose comme les rameaux tendres.

FAMILLE DES CUCURBITACÉES.

95. MOMORDICA BALSAMINA.

M. pomis subrotundo-ovatis, utrinquè attennatis, angulatis, tuberculatis; bracteâ cordatâ dentatâ suprà medium pedunculi; foliis glabris quinquelobo-palmatis, dentatis. *Willd.* (Spec. tom. IV, pag. 602.)

MOMORDICA BALSAMINA. *Lin.* (Spec. pag. 1433.) — *Hasselq.* (It. pag. 487.) — *Lamarck* (Dict. tom. IV, pag. 238.) — *Delil.* (Flor. Ægypt. n.° 906.)

Plante recueillie à l'île d'Argo. (Notes manuscr. de M. *Cailliaud.*)

PLANTES INDÉTERMINÉES.

96. EUGENIA ??

Feuilles ovales, longues de six à sept pouces sur trois et demi de large, et que nous possédons incomplètes, en sorte que nous ne pouvons assurer que ce soient positivement des feuilles ou de simples folioles; leur face supérieure est unie et d'un vert foncé; leur face inférieure est mate, pâle, un peu jaunâtre; la côte moyenne et les nervures se dessinent en blanc à la face supérieure. Examinées au grand jour et à la loupe, ces feuilles présentent dans toutes leurs aréoles, entre les mailles des nervures, un tissu ponctué de glandes diaphanes d'une

Leur pétiole est grêle, pubescent si on l'examine à la loupe, long de deux à trois lignes.

Les feuilles sont insérées, en faisceaux de trois et plus, dans l'aisselle de légères saillies ou petites tubérosités qui soutiennent plusieurs pétioles entremêlés de stipules aiguës extrêmement petites.

99. GOKAN ou DJOKAN.

EL-DJOKANE, en arabe; MOUINKÉ ou MORKÉ, en langue des païens.

Arbre portant un petit fruit rond, bon à manger, doux, recherché quoiqu'il ait fort peu de chair : il est un peu moins gros que la cerise et en a la peau lisse et fine ; il renferme des semences rouges plus alongées que celles du tamarin. (Notes manuscr. de M. *Cailliaud.*)

100. ****

Arbre toujours vert, croissant au mont Tâby, fort rare, dont les feuilles approchent du *Fenouil.* (Notes manuscr. de M. *Cailliaud.*)

Observation. Nous n'avons pas négligé les descriptions précédentes, quelque insuffisantes qu'elles soient, pour mettre sur la voie de connaître les végétaux qui y ont donné lieu, et qui pourront être découverts ailleurs.

Leur pétiole est grêle, pubescent si on l'examine à la loupe, long de deux à trois lignes.

Les feuilles sont insérées, en faisceaux de trois et plus, dans l'aisselle de légères saillies ou petites tubérosités qui soutiennent plusieurs pétioles entremêlés de stipules aiguës extrémement petites.

99. GOKAN ou DJOKAN.

El-Djokane, en arabe; Mouinké ou Morké, en langue des païens.

Arbre portant un petit fruit rond, bon à manger, doux, recherché quoiqu'il ait fort peu de chair : il est un peu moins gros que la cerise et en a la peau lisse et fine ; il renferme des semences rouges plus alongées que celles du tamarin. (Notes manuscr. de M. *Cailliaud.*)

100. ****

Arbre toujours vert, croissant au mont Tâby, fort rare, dont les feuilles approchent du *Fenouil.* (Notes manuscr. de M. *Cailliaud.*)

Observation. Nous n'avons pas négligé les descriptions précédentes, quelque insuffisantes qu'elles soient, pour mettre sur la voie de connaître les végétaux qui y ont donné lieu, et qui pourront être découverts ailleurs.

EXPLICATION DES PLANCHES.

PLANCHE I *de la partie botanique, LXII du voyage.*

Fig. 1. MUSSÆNDA LUTEOLA. Portion d'un rameau de grandeur naturelle. — *a*, calice dont une des dents est changée en bractée pétiolée, nerveuse, colorée.—*b*, calice à dents inégales.—*c*, autre calice à dents égales.—*d*, ovaire couronné par les dents ou le limbe du calice, et portant le style. — *e*, corolle ouverte longitudinalement pour faire voir l'insertion des anthères dans la partie du tube dilatée à son sommet. —*f*, coupe transversale de l'ovaire. Tous ces détails sont représentés plus grands que nature.

Fig. 2. ACANTHUS POLYSTACHIUS. Un rameau de la plante, de grandeur naturelle. — *a*, trois bractées extérieures de la fleur, dont la plus grande soutient le calice en dessous, et dont les deux plus petites sont latérales. — *b*, foliole inférieure du calice. — *c*, foliole supérieure denticulée et folioles latérales étroites du même calice. — *d*, pistil. — *e*, corolle sortie du calice. — *f*, partie latérale de la corolle coupée pour montrer l'insertion des étamines et leur naissance de la portion rétrécie de la base du tube.

PLANCHE II *de la partie botanique, LXIII de l'ouvrage.*

Fig. 1. CARISSA EDULIS. Un bout de rameau de grandeur naturelle. —*a*, le calice et le pistil. — *b*, la corolle dont le tube est ouvert longitudinalement pour montrer l'insertion des étamines dans la partie évasée du tube. Ces deux figures *a* et *b* sont d'un tiers plus grandes que nature.

Fig. 2. BISTELLA GEMINIFLORA. Une portion de rameau, de grandeur naturelle. — *a*, un des petits bouquets de deux fleurs, représentées trois fois plus grandes que nature. — *b*, une fleur vue en dessus. — *c*, coupe verticale d'une fleur et de l'ovaire qui, commençant à se changer en fruit ou capsule, contient deux placentas ou trophospermes connivens dont un est coupé transversalement par moitié pour laisser voir le second. — *d*, les deux styles, le disque supérieur de la capsule, et les deux placentas descendans représentés séparément de la capsule : les placentas ou trophospermes sont tellement disposés, que leur largeur s'étend dans le sens suivant lequel les styles sont divergens, comme on le voit dans la figure *c*. Il en résulte que chacun des styles devient commun aux deux masses de placentas ou trophospermes, ce qui est représenté par la figure *d*. — *e*, une graine douze fois plus grande que nature.

Fig. 3. ROGERIA ADENOPHYLLA. Un rameau de la plante, de grandeur naturelle, où l'on distingue les feuilles, les fleurs, les fruits et les glandes latérales des pédicelles floraux et fructifères. — *a*, le calice et le pistil tirés d'une fleur qui était près de s'épanouir. — *b*, les mêmes parties que celles de la figure *a*, avec cette différence qu'elles sont tirées d'une fleur épanouie, et que le stigmate précédemment trifide est flétri en massue obtuse. — *c*, la corolle entière. — *d*, la corolle ouverte longitudinalement en dessous et étalée de manière à faire voir les étamines. — *e*, une capsule coupée obliquement du sommet vers sa base pour faire voir ses divisions intérieures. — *f*, coupe transversale de la base de la capsule, qui est divisée dans cette partie en quatre demi-loges, dont deux comprimées monospermes regardent la tige, tandis que les deux autres externes sont renflées et contiennent plusieurs semences attachées à un placenta ou fausse cloison qui ne complète entièrement deux loges qu'à la base même du fruit. — *g*, une graine couverte de son enveloppe accessoire. — *h*, enveloppe accessoire de la graine s'ouvrant en deux parties. — *i*, une très-petite portion de la membrane qui constitue l'enveloppe et dont les fossettes étant vues au microscope présentent des ouvertures concentriques dans un tissu en réseau. — *k*, la graine dépouillée. — *l*, coupe transversale de la graine faisant voir ses deux cotylédons au-dedans de la tunique propre épaisse de cette graine. Les figures *g*, *h*, *k*, *l*, sont environ trois fois plus grandes que nature; la figure *i* est vingt fois plus grande que nature; les autres détails sont de grandeur naturelle.

Fig. 4. CYNANCHUM HETEROPHYLLUM. Un rameau de la plante de grandeur naturelle. — *a*, une fleur entière vue au microscope, huit fois plus grande que nature. — *b*, fleur grossie dans la même proportion que la précédente, mais vue en dessus. — *c*, ovaires. — *d*, fruit ouvert longitudinalement par un de ses côtés pour faire voir l'insertion et la direction des graines. Ce fruit, représenté séparément, est trois fois plus grand que celui qui tient à la plante sur laquelle il n'a pu être observé qu'avant sa maturité, en sorte que la véritable dimension qu'il peut acquérir étant mûr, nous est inconnue.

PLANCHE III *de la partie botanique, LXIV de l'ouvrage.*

Fig. 1. INDIGOFERA PARVULA. Une portion de la plante et de sa racine.—*a*, le calice, son pédicelle, et la bractéole sous-axillaire. — *b*, étendard de la fleur, vu en dessus avant son parfait épanouissement. — *c*, étendard vu en dessous ou en devant après l'épanouissement. — *d d*, ailes de la corolle. — *e*, la carène. — *f*, les étamines et le pistil. — *g*, la carène grossie beaucoup plus que dans les figures précédentes, de manière à rendre distinctes les deux pièces soudées dont elle se compose et l'éperon qui appartient à chaque pièce. — *h*, les étamines et le pistil considérablement grossis. — *i*, portion d'une feuille vue au microscope pour rendre sensibles les poils qui sont couchés et attachés, non par une de leurs extrémités, mais par le milieu de leur longueur.

Fig. 2. CROTALARIA MACILENTA. Un rameau de la plante. — *a*, calice. — *b*, étendard, ailes et carène de la corolle. — *c*, pistil. — *d*, étamines.

Fig 3. ASCLEPIAS LANIFLORA. Portion d'un rameau de la plante, de grandeur naturelle. — *a*, le gynostème ou corps staminifère et pistillaire central de la fleur, accompagné de ses appendices ou nectaires. — *b*, gynostème dépouillé des appendices pour faire voir les étamines réunies au nombre de cinq autour du plateau stigmatique. — *c*, masses de pollen adhérentes à la glandule qui les unit deux par deux.

Fig. 4. HELIOTROPIUM PALLENS. Une portion de la plante, de grandeur naturelle. — *a*, une fleur représentée trois fois plus grande que nature, et avec le calice rabattu exprès pour faire voir le tube étranglé de la corolle. — *b*, section verticale de la corolle pour faire voir la grandeur et la position relative du pistil, de son disque, des étamines, et de la corolle. — *c*, fruit huit fois plus gros que nature.

Fig. 5. ETHULIA GRACILIS. Un rameau de la plante. —

a, une fleur entière trois fois plus grande que nature. — *b*, akène (graine, *Lin.*), considérablement grossi. — *c*, fleuron sept fois plus grand que nature.

Fig. 6. CELASTRUS DECOLOR. Rameau de feuilles et de fruits de grandeur naturelle. — *a*, fruit ouvert naturellement en deux valves et laissant voir quatre semences pourvues d'arilles et insérées au fond de la capsule de chaque côté de la base de la cloison des valves : cette figure est double de la grandeur naturelle.

Fig. 7. ACMELLA CAULIRHIZA. Un bout de rameau de la plante sur lequel les petites tubérosités que l'on voit au dessous de l'insertion des pétioles sont des mamelons radicellaires ou des bourgeons de racine. — *a*, involucre et réceptacle de la fleur après la maturité et la chute des akènes. — *b*, fleuron et paillette — *c*, demi-fleuron ou rayon.

TABLE
DES NOMS DE PLANTES
DE LA CENTURIE.

NOTA. Les synonymes et les noms vulgaires sont en caractères
italiques ; les chiffres indiquent les numéros des pages.

9 782013 445924